パソコン仕事 最強の習慣 112

帰宅が早い人がやっている

橋本和則
Microsoft MVP
(Windows and Devices for IT)

112 Excellent Habits for PC Work

はじめに

一度身につけた習慣は「一生」役立つ!

　筆者は、仕事において「効率」を極限まで追及するのが大好きです。普通なら１時間かかる仕事でも、50分で終わらせられる余地があれば、そのテクニックを見つけるために１日以上費やすことも珍しくありません。

　なぜ「たった10分」を縮めるために、「１日」もかけるのでしょう?
　それは、そこで見つけたパソコン操作や設定のテクニックは、それこそ「一生、死ぬまで活用できる」からです。そのときはたった10分の短縮であっても、その後の長い人生を考えるなら、結果的に何十時間、何日ぶんもの「時短」につながります。

　また筆者は「効率」以外に、もう１つ大切にしていることがあります。それは、「前向きな気持ちで日々仕事をし続ける」ということです。ポジティブに仕事をするには、健康な精神や肉体、良好な人間関係など、数々のファクターが必要ですが、「パソコンをスマートに使いこなす」という要素も大きいと筆者は考えています。

　筆者に限らず、仕事をするうえで「パソコン」は欠かせない道具です。仕事が終わらずに１日中パソコンの前に座っていたりすると、いつしかパソコンに触れることそのものが「ストレス」になってしまいます。
　だからこそ、パソコンを「確実に」「効率的に」「ストレスなく」操作するための知識を身につける必要があるのです。

筆者は、かれこれ30年にわたってWindowsを使い続けています。また、優れた知識や経験を有するITプロをMicrosoftが表彰する「Microsoft MVP」を、12年連続で受賞しています。

その時間の中で培ってきた様々な「仕事術」があるのですが、その中でも特に「習慣として身につけておくべき112個の仕事術」を厳選したのが、本書『帰宅が早い人がやっている パソコン仕事 最強の習慣112』です。

本書を読めば、パソコン操作が快適になり、仕事をスマートかつスムーズに進められるようになります。また、パソコンを使うことが楽しくなり、前向きな気持ちで仕事を進められるようになるはずです。

本書を読んで、「役に立たない」ということは絶対にありません。この点に関しては、筆者「橋本和則」が断言しますし、責任を持たせていただきます。

最後に、本書の内容は、筆者のみが考えたものではありません。

様々な協力者のもと、膨大な時間をかけて制作されたものであり、各協力者や知人＆友人に感謝するとともに、特に本書に深くかかわり、執筆を手助けしていただいた翔泳社の石原真道さんには、深く感謝の意を示したいと思います。

私たちの喜びは「本書を読んで役立った」と思ってくれる読者がいることです。本書の解説が、日々の仕事における作業負担やストレスの軽減になり、前向きに仕事をする気持ちや、さらにパソコンが好きになる「きっかけ」になれば幸いです。

橋本情報戦略企画

橋本 和則

目次

> Chapter 1

まずは身につけたい 11の習慣 013

習慣 001　パソコンの電源はいちいち切らない 014

習慣 002　困ったときはとりあえず「再起動」 016

習慣 003　マウスはできるだけ使わない 018

習慣 004　開いたウィンドウは「閉じない」 020

習慣 005　タッチパッドを使い倒す 022

習慣 006　操作に迷ったらまず「右クリック」 024

習慣 007　ファイルは簡単に捨てない 026

習慣 008　データはこまめに「保存」する 028

習慣 009　よく使うアプリは「タスクバー」に置いておく 030

習慣 010　デスクトップに余計なものを置かない 032

習慣 011　「余計なアプリ」は導入しない 034

> Chapter 2

Windows操作の無駄を ゼロにする14の習慣 ·········· 035

習慣 012　パソコンは「そのまま」使わない·· 036

習慣 013　「無駄な機能」を停止してパソコンを軽快に動作させる ············· 038

習慣 014　定期的にパソコン内を「大掃除」する ······································· 040

習慣 015　「電源ボタン」の役割を指定する·· 042

習慣 016　ウィンドウの移動やサイズ変更はキーボードで行う ····················· 044

習慣 017　キーボード一発でデスクトップを表示する ································· 046

習慣 018　2つの画面を並べたいときは「2画面表示」にする ····················· 048

習慣 019　データを開くアプリをあらかじめ決めておく ····························· 050

習慣 020　「今見たいウィンドウ」を一発で表示する··································· 052

習慣 021　デスクトップの領域を「倍」にする·· 056

習慣 022　離席時は必ず「ロック」する ·· 058

習慣 023　操作ミスは即「キャンセル」&「やり直し」 ································· 059

習慣 024　スリープされるまでの時間をあらかじめ設定しておく ················· 060

習慣 025　マウスポインターの位置を見失わないようにする······················ 061

コラム　タスクバーを使いやすくカスタマイズする································ 062

> Chapter **3**

Word & Excelの無駄を ゼロにする27の習慣 ·········· 063

［共通］

習慣026　Word＆Excelは「先行指定」で操作する·····························064

習慣027　ショートカットキーでリボンコマンドを操作する·····················066

習慣028　「よく行う操作」を一発で実行する··································068

習慣029　自分が使いやすい作業領域と表示倍率にしておく　···············070

習慣030　Word＆Excelを一発で起動する································072

習慣031　「空のファイル」を先に作っておく·································074

習慣032　「印刷プレビュー」を確認して印刷ミスを防ぐ·······················076

習慣033　紙を一切使わずに印刷する·······································078

［Word］

習慣 034　文字や画像のコピーはキーボードで済ませる ………………………… 080

習慣 035　Wordに画面キャプチャを一発で貼り付ける ………………………… 082

習慣 036　Wordの「移動したい位置」に一発で移動する　………………………… 084

習慣 037　文字の大きさや書式をキーボードで一発変更する　………………… 086

習慣 038　大文字・小文字や文字揃えをキーボードで一発変更する　………… 088

習慣 039　長文文書には「ページ番号」を付加する　………………………… 090

習慣 040　読みが難しい漢字に「ルビ」をつける　………………………………… 092

習慣 041　文章を機械的に「校正」する　………………………………………… 094

［Excel］

習慣 042　ショートカットキーで素早くセルを「移動」する………………………… 096

習慣 043　ショートカットキーで素早くセルを「選択」する………………………… 098

習慣 044　「行」や「列」を一発で挿入・削除する　………………………………… 100

習慣 045　Excelのセルで勝手な「文字変換」をさせない………………………… 102

習慣 046　文字の配置や書式を整えて見やすい帳票を作る　………………… 104

習慣 047　「セル内に文字が収まらない」をスッキリ解消する　………………… 106

習慣 048　面倒くさいシート管理をショートカットキーで済ませる…………… 108

習慣 049　日付や時刻を一発で入力する………………………………………… 110

習慣 050　セルの文字入力を一瞬で済ませる…………………………………… 111

習慣 051　関数の入力を一瞬で済ませる………………………………………… 112

習慣 052　曜日や連番を自動で入力する………………………………………… 114

> Chapter 4
文字入力の無駄を
ゼロにする16の習慣 ·········· 117

習慣053　変換ミスでいちいち入力し直さない ···································· 118

習慣054　全角／半角スペースの入力に手間をかけない ···················· 120

習慣055　「≠」「≒」などの記号を一発で入力する ······························ 122

習慣056　英語入力と日本語入力で入力モードを切り替えない ··············· 123

習慣057　スペルがわからない英単語は日本語で入力する ··················· 124

習慣058　住所は「郵便番号」で入力する ···································· 125

習慣059　よく使う単語は辞書登録しておく ·································· 126

習慣060　よく使う文字列は2〜3文字で入力できるようにしておく ·········· 128

習慣061　よく使う文字列は「リスト化」して使い回す ······················· 130

習慣062　入力モードはキーボード一発で切り替える ························· 132

習慣063　読みのわからない漢字は「手書き」で入力する ····················· 134

習慣064　文字の変換でキーを連打しない ·································· 136

習慣065　英字の大文字連続入力には「CAPSロック」を使う ················· 138

習慣066　パソコンでもフリック入力する ···································· 140

習慣067　「ぁぃぅぇぉ」を一発で入力する ···································· 141

習慣068　カタカナ変換や英字変換をキーボード一発で済ませる ············· 142

コラム　Microsoft IMEのカスタマイズ ································· 144

> Chapter 5

ファイルを探す無駄をゼロにする15の習慣 ……………… 145

習慣069 エクスプローラーを一発で起動する……………………………………… 146

習慣070 自分が「使いやすい表示」でエクスプローラーを使う ……………… 148

習慣071 エクスプローラー内の移動を一瞬で済ませる………………………… 150

習慣072 リボンコマンドはキーボードで実行する ……………………………… 152

習慣073 「よく利用する操作」は一瞬で実行できるようにしておく ………… 154

習慣074 「ファイルの選択」はキーボードで行う………………………………… 156

習慣075 ファイルの「拡張子」を表示しておく …………………………………… 158

習慣076 ファイル名はキーボード一発で変更する……………………………… 159

習慣077 わかりやすい「ファイル名」と「フォルダー分け」にする ………… 160

習慣078 ファイルの中身は「開かず」に確認する …………………………… 162

習慣079 ファイルのコピーはショートカットキーで行う ……………………… 164

習慣080 ファイルコピーを「コピー先指定」で行う …………………………… 166

習慣081 「行方不明」になったファイルの検索はパソコンに任せる ………… 168

習慣082 よく利用するフォルダーに一発でアクセスする……………………… 170

習慣083 「ショートカットアイコン」を上手に活用する………………………… 172

コラム エクスプローラーをより使いやすくする ……………………………… 174

009

> Chapter 6

メール操作の無駄を
ゼロにする8の習慣 ·············· 175

習慣084　メールには「署名」を準備しておく　·································· 176

習慣085　同じメールを何度も送る手間を省く ································· 177

習慣086　メールアドレスや会社名、名前は「手入力」しない　············ 178

習慣087　送受信メールは「スレッド表示」にしない　························· 179

習慣088　「大きすぎるファイル」はメールに添付しない　····················· 180

習慣089　オフラインでもメールをチェックできるようにする ················ 181

習慣090　メールアプリの操作はショートカットキーで済ませる ············· 182

習慣091　メールアカウントが正常かどうかを一発で確認する ··············· 184

> Chapter 7
情報収集の無駄を
ゼロにする21の習慣 ……… 185

習慣092　リンクは「新しいタブ」で表示する　……………………………… 186

習慣093　Webサイトを見比べたいときは「新しいウィンドウ」で表示する … 188

習慣094　よく見るWebサイトは「お気に入り」に登録する ……………… 190

習慣095　欲しい情報を一気にまとめてチェックする………………………… 192

習慣096　よく見るWebサイトに一瞬でアクセスする　…………………… 194

習慣097　「一度見たWebサイト」に一瞬でアクセスする ………………… 196

習慣098　Webページの表示移動はキーボードで行う …………………… 198

習慣099　文字が見づらいWebサイトは「拡大表示」する ……………… 200

習慣100　検索は「アドレスバー」から行う　………………………………… 201

習慣101　最初に開くWebサイトを固定する　…………………………… 202

習慣102　検索時に検索キーワードをいちいち手入力しない……………… 204

習慣103　検索結果に「不要な情報」を表示させない　…………………… 206

習慣104　検索キーワードにマッチするニュースやブログのみをチェックする … 208

習慣105　欲しい「画像」を一発で入手する　……………………………… 210

習慣106　「この写真の人は誰?」を一発で調べる ………………………… 211

習慣107　外国語の翻訳はパソコンに任せる………………………………… 212

習慣108　Webページを見ないで情報を確認する ……………………… 214

習慣109　Webブラウザが遅いときは「キャッシュ」を削除する ……… 215

習慣110　Webサイトをなるべく少ない紙で印刷する ･･････････････････････ 216

習慣111　大切なWebページは「保存」しておく ･･･････････････････････････ 218

習慣112　他人のパソコンを使うときは「履歴」を残さない ･･････････････････ 220

> Appendix 付録 ･･･････････････････････････････････････ 221

ローマ字入力対応表 ･･ 222

Windowsショートカットキー一覧表 ･････････････････････････････････････ 224

おわりに･･ 228

INDEX ･･ 230

● 本書について

本書の内容は、Windows 10（Build 16299）、Word 2016／Excel2016（Build 9126）、Microsoft Edge（Build 41.16299）、Windows 10「メール」アプリ（バージョン17.9126）を例に記述していますが（2018年4月時点）、その他のバージョンについても基本的な操作や概念は同様になります（別アプリのWebブラウザやメールの基本操作やショートカットキーについても配慮して記述を行っています）。ただし、Windows／Office／各種アプリは更新（アップグレード）により、一部の操作や設定が変更になる可能性がありますのでご注意下さい。なお、PC環境としてはメモリ4GB以上を搭載した標準的なパソコンを想定しており、一部の格安パソコンなどでは本書記述をそのまま適用できない場合があります。

● 本書の購入特典

本書をお買い上げいただいた方全員に、読者特典を差し上げています。詳細については、下記の提供サイトをご覧下さい。

▼提供サイト
https://www.shoeisha.co.jp/book/present/9784798156279

※ファイルをダウンロードする際には、SHOEISHA iDへの会員登録が必要です。
※コンテンツの配布は予告なく終了する場合があります。あらかじめご了承下さい。

> Chapter 1

まずは身につけたい
11の習慣

習慣 001

パソコンの電源は
いちいち切らない

今のパソコンは毎回電源を切る必要が「ない」

1日の仕事を終えたら「パソコンの電源を切る」という人は多いと思います。しかし、その習慣は間違いです。まずは==「パソコンの電源をいちいち切らない」という習慣==をつけましょう。

かつては「使い終えたらパソコンの電源を切ること」が望ましいとされていました。「つけっぱなしにしていると余計な電力を食う」「定期的に電源を切らないと（メモリにごみが溜まって）動作が不安定になりがち」などの理由があったからです。

しかし、現在のパソコンは省電力仕様になっており、一定時間経過後は「休止状態」になるため、「つけっぱなしにすると電力を食う」ということはありません（休止状態時の消費電力はゼロです）。

また、今のパソコンに搭載されている「Windows 10」は仕様が改良されており、「つけっぱなしにすると不安定になる」ということもありません。

つまり、電源を切る理由など「ない」のです。

パソコンにとっても有難い「電源を切らない」管理

そして、パソコンの電源を切らない最大の理由は「そのほうがパソコンにとっても有難い」という側面があるからです。

==「パソコンをつけたらWindowsの更新が始まってしまった」「朝イチは妙にパソコンの動作が遅い」==という経験がある人は多いのではないでしょ

うか。実は、パソコンは非作業時間帯（一定時間パソコンを使っていない時間帯）に、自身を快適に使わせるための様々なメンテナンスを行っています（セキュリティを高めるWindows Updateや、ファイルアクセスをよりスムーズにするためのフラグメンテーション解消やトリムなど）。

　電源を切ってしまうと、パソコンはこれらの作業を行うことができず、結果としてメンテナンスを「私たちの作業時間帯」に行わざるをえなくなります。一方、==電源を切らずにパソコンに余裕を与えれば、これらのメンテナンスは、夜間などの非作業時間帯に自動的に行われます。==だからこそ、「パソコンの電源は切らない」という習慣が大切になるのです。

パソコンは「非作業時間」に自分をメンテナンスする

パソコンは非作業時間帯に様々なメンテナンスを自動的に行っている。パソコンの電源を切ってしまうと、これらの作業が行えなくなるため、就業時間にメンテナンスせざるをえなくなる。一方電源を入れっぱなしにしておけば、非作業時間帯にメンテナンスを済ませてくれる。つまり、電源をなるべく切らないことが、パソコンが重い、操作できないという無駄を減らすことにつながるのだ。

電源を切らなくても無駄な電力を消費しない

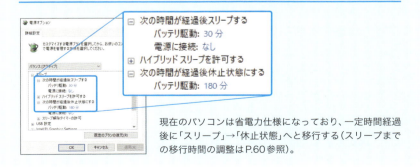

現在のパソコンは省電力仕様になっており、一定時間経過後に「スリープ」→「休止状態」へと移行する（スリープまでの移行時間の調整はP.60参照）。

習慣 002
困ったときは とりあえず「再起動」

トラブルは「再起動」でほぼ解決できる

パソコンを操作していると、「妙に動作が遅い！」「アプリが動かなくなった！」などのトラブルが発生することがあります。

そんなときはアレコレ考えず、とにかく「再起動」をする習慣をつけましょう。よほど深刻な場合を除き、大抵のトラブルは、パソコンを再起動すれば解決することができます。

家電で何かトラブルが起こった際に、「一度電源を切って入れ直したら解決した」という経験を持つ人は多いと思いますが、それと同じです。電源を入れ直すということは「いったん環境をリセットする」ということなので、トラブル解決の効果があるわけです。

「シャットダウン」と「再起動」は違う

ただし、パソコンの電源操作で覚えておかなければならないのは、「シャットダウン（電源を切ること）」と「再起動」は特性が異なるということです。

似たような動作に見えますが、実はシャットダウンには「トラブル解決」の効果はありません。なぜならWindows 10は、素早い動作を実現するために、「シャットダウン後に電源を入れ直すと、前回のシステム状態を復元する」という仕様になっているので、シャットダウン前のトラブルも復元してしまうからです。

一方「再起動」は前回のシステム状態を復元せず、いったん「リセットす

る」仕様なので、トラブル解決の効果があります。

　再起動は、［スタート］メニューの電源アイコンから「再起動」を選択するほか、ショートカットキー■＋X→U→Rキーでも実現できます。とにかく、「困ったときは再起動!」と覚えておきましょう。

◯ 困ったときは「とりあえず再起動」

［スタート］メニューから「再起動」を選択

または■＋X→U→Rキーを入力

再起動が始まる

動作がおかしい、重いと感じたら、とにかく「再起動」する習慣をつける。これで環境をいったんリセットできるからだ。「シャットダウン」にはトラブル解決の効果がないので要注意。

📅 習慣 ## 003

マウスはできるだけ
使わない

▋マウスではなく「ショートカットキー」で操作する

　パソコンは、マウスで操作するのが一般的です。しかし、できるだけマウスは使わず、**「ショートカットキー」で操作する習慣**をつけて下さい。そのほうが確実に操作できますし、格段に作業スピードが速まるからです。

　ちなみにショートカットキーで特に利用するのは Ctrl **キー、** Shift **キー、** Alt **キー、** ⊞ **キーなので、まずはこれらのキーボードの位置を覚えておきましょう。**本書でもこれからたくさんのショートカットキーを紹介しますが、「これは！」と思うものがあれば積極的に活用して下さい。

●右クリック

　マウスの右クリックに相当するキーが 🔳 （アプリ）キーです。**🔳 （アプリ）キーを入力すれば、マウスで右クリックしたときと同様のショートカットメニューを表示**できます（なお、 Fn キーを交えないと入力できないキーボードや、🔳 キーが存在しないキーボードもあります）。

　また、**一部操作を除いてショートカットキー** Shift ＋ F10 **キーでも右クリックと同様の操作を実現できます。**

●コピー・切り取り・貼り付け

　文字列やファイル、Excelのセルなどは、ショートカットキー Ctrl ＋ C キー（ C はCopyの「C」）で**「コピー」**、 Ctrl ＋ X **キーで「切り取り」**、 Ctrl ＋ V **キーで「貼り付け」**を行えます。

● **すべてを選択**

ショートカットキー Ctrl + A キー（A は All の「A」）は、「すべてを選択」です。テキストやフォルダー内のファイルなど、とにかく全部を選択したいときは、Ctrl + A キーを入力しましょう。

➡ 「ショートカットキー」を活用する

◎代表的なキーボードの配列

「コピー」（Ctrl + C キー）、「切り取り」（Ctrl + X キー）、「貼り付け」（Ctrl + V キー）のキーは左下にまとまっている

🖰（アプリ）キーで「右クリック」相当の操作

Shift キー

⊞ キー

Alt キー

カーソルキー

各種設定、選択、移動、印刷など、パソコン操作の多くはショートカットキーで行える。こちらのほうが格段に素早く操作を済ますことができるので、「マウスではなくショートカットキーで操作すること」を習慣づけよう。

◎ショートカットキーなら操作が確実&速い！

Ctrl + A キーを入力すれば一瞬で「全選択」できる

テキストやファイルをすべて選択する場合、マウスならわざわざドラッグして選択する必要があるが、ショートカットキーなら Ctrl + A キーを入力するだけで即座に全選択できる。

習慣 004

開いたウィンドウは「閉じない」

ウィンドウはいちいち閉じるな！

　ひと仕事終えたらいったん該当ウィンドウを閉じて、別作業のために新しいウィンドウを開いてまた閉じて……という人は多いですが、筆者は常々、「なぜわざわざ開いたウィンドウを閉じてしまうのだろう」と不思議に思っています。

　「いったん閉じたWebサイトをもう一度見たくなってアクセスし直した」「参考にしていた文書をもう一度確認する必要があって開き直した」……そんな経験がある人は多いのではないでしょうか。「絶対に開き直すことはないウィンドウ」というのであれば別ですが、少しでも再利用する可能性があるウィンドウは「いちいち閉じない」という習慣をつけましょう。

　「そんなこといっても、たくさん開きすぎるとデスクトップがゴチャゴチャになる」という人もいるでしょう。しかし、Windowsは「ウィンドウ・ズ」ですから、「同時に複数のウィンドウを開いて作業する」ための機能を豊富に備えています。例えば、複数のウィンドウから目的のウィンドウを一発でアクティブにする「Windowsフリップ」や「タスクビュー」（P.54参照）、2つのウィンドウを並べる「ウィンドウスナップ」（P.48参照）など、Windowsの各種機能をきちんと使いこなせば「ウィンドウを閉じることなく作業に集中できる環境」を構築できます。

　開いたウィンドウは閉じずに「目的のものに素早く切り替える」「当面不要なものは最小化しておく」「必要なものをきれいに並べる」という習慣をつければ開き直すという無駄がなくなり、作業効率が格段に上がります。

Windowsは「ウィンドウ・ズ（複数形）」

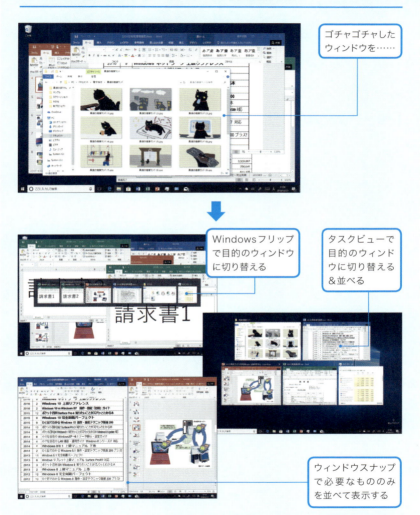

ゴチャゴチャした
ウィンドウを……

Windowsフリップ
で目的のウィンドウ
に切り替える

タスクビューで
目的のウィンド
ウに切り替える
＆並べる

ウィンドウスナップ
で必要なもののみ
を並べて表示する

デスクトップ上でウィンドウを複数展開して作業できるのがWindowsの真骨頂。Windowsフリップやタスクビュー（P.54参照）、ウィンドウスナップ（P.48）など、複数ウィンドウをストレスなく操作する機能が充実している。ウィンドウを閉じたり開いたりという「無駄」を省くには、「ウィンドウは閉じない」でWindowsの各種機能を活用すればよいのだ。

習慣 005
タッチパッドを使い倒す

「タッチパッドは使いづらい」は過去の話

　ほとんどのノートPCにはタッチパッド（トラックパッド）が備えられています。タッチパッドについては「使いづらい」「操作の邪魔」と思っている人も多いかもしれません。

　しかし一昔前ならいざ知らず、今のタッチパッドは「キーボードでキー入力中には感度を下げる」などの配慮を行っており、操作性も飛躍的に向上しています。

　タッチパッドは、「なぞればマウスポインター移動」「タッチパッド上をタップすれば左クリック」までは知っている人も多いと思いますが、実はそのほかにも様々な操作が可能です。

　例えばタッチパッドを二本指でタップすれば「右クリック」ですし、タッチパッド上を二本指でスワイプ（二本指で縦になぞる）すれば「スクロール操作」、二本指で横にスワイプすれば「横スクロール」も可能です。

　高性能なタッチパッドであれば、三本指上スワイプで「タスクビュー」（P.54参照）、三本指下スワイプで「デスクトップ表示（すべてのウィンドウの最小化）」（P.46参照）、三本指左右スワイプで「Windowsフリップ」（P.54参照）も実現できます。

　タッチパッドはこのように機能性に優れるだけでなく、「マウスを転がすための物理的スペースが必要がない」というメリットもあります。基本的な操作を「ショートカットキー」で済ませ、必要に応じてタッチパッドで操作という習慣をつければ、ストレスなくパソコンを操作できます。

➔ タッチパッドでマウスいらず！

◎タッチパッドの基本

◎右クリック

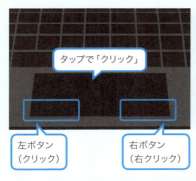

タッチパッドは人差し指でなぞることでマウスポインターを移動できるほか、タップすることでクリック操作を実現できる。

操作対象にマウスポインターを合わせて二本指タップすれば、「右クリック」を実現できる。

◎スクロール

◎高性能タッチパッドの応用操作

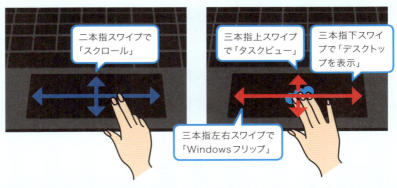

物理マウスで便利な「ホイールをくるくるする操作（スクロール操作）」は、二本指で縦／横になぞることで実現できる。

三本指で上にスワイプすれば「タスクビュー」（P.54参照）、下にスワイプすれば「ウィンドウの最小化」（P.46参照）、左右にスワイプすれば「Windowsフリップ」（P.54参照）を実現できる（高性能タッチパッドのみ）。

023

習慣 006

操作に迷ったら
まず「右クリック」

対象の「設定メニュー」を表示できる右クリック

　ファイルやフォルダー、文字列やExcelのセルなど、とにかく操作対象に対して「何かしたい」と思ったら、対象を選択して「右クリック」する習慣をつけましょう。

　例えばデスクトップ上で「右クリック」すれば、表示されるショートカットメニューの「個人設定」からデスクトップの背景・配色・テーマなどを設定できます。同様にデスクトップ下部のタスクバーを「右クリック」すれば、タスクバーや通知領域に表示するボタンや動作を設定できます。

　WordやExcelも同様で、Wordで文字列を選択して「右クリック」すれば文字の大きさや色、フォント、ルビなどを設定できますし、Excelのセルを選択して「右クリック」すれば、行やセルの挿入・削除、並べ替え、罫線の挿入や表示形式の変更などを行うことができます。

　とにかく、操作に迷ったり、「こんなことできないの?」と思ったときは、「まずは右クリック」と覚えておきましょう。

ショートカットキーで右クリック

　右クリックはP.18でも解説した通り、[app]（アプリ）キーを押しても実現できます（一部操作を除き [Shift] + [F10] キーでも可）。

　また、タッチ操作対応のパソコンであれば、画面上の対象を「長押し」することで、右クリックと同様の操作を実現できます。

➔ 何かしたければとりあえず「右クリック」

デスクトップを「右クリック」すれば
デスクトップ関連の設定ができる

タスクバーを「右クリック」すればタスク
バーや通知領域の設定ができる

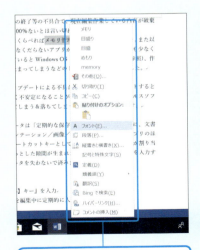

Wordの文字列を「右クリック」すれば
文字列に対する書式などを指定できる

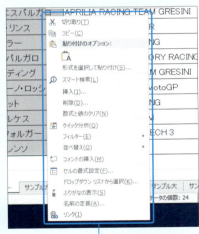

Excelのセルを「右クリック」すればセル
の編集や書式設定を行える

まずは身につけたい11の習慣

025

習慣007
ファイルは簡単に捨てない

「自分が作ったファイル」は貴重品

　「いらないな」と思ったファイルを、どんどん「ごみ箱」に放り込んでしまう人がいます。よく「大切なファイルを間違って捨ててしまった」などという話を聞きますが、筆者にいわせれば「そもそもごみ箱に捨てるな」という話です。

　「ごみ箱」は、文字通り「ごみを捨てる場所」です。本当に捨ててしまってもよいもの（ダウンロードしたくだらない画像など）は捨てても構いませんが、自身で作成したWordやExcelなどのファイルは、世界にたった1つしかない貴重なデータなので、「捨てない」という習慣をつけましょう。

捨てるくらいなら「GOMI」フォルダーで管理

　「ファイルを捨てる理由」を聞くと、「パソコンが重たくなるから」という人がいますが、WordやExcelのデータ容量はせいぜい数百KB程度です。昨今のパソコンは数GBの容量を持っていますから、ちまちま捨てても豆粒程度の影響もありません（パソコンの重い・軽いはファイルの有無ではなく、常駐プログラムやメンテナンスの問題です）。

　ちなみに筆者は、月ごとに「GOMI［年月］」というフォルダーを作成し、その中に不要なファイルを放り込むようにしています。これにより、万が一そのファイルが後日必要になった場合も、当該年月のフォルダーを見れば

データを救い出せるというわけです。

　パソコンは、万が一壊れても新しいものに買い替えることができますが、「自分が作成したファイル」は、一度失ってしまえばどれだけお金を出しても手に入れることができません。==パソコンを利用するうえで最も価値があるのは、パソコン本体でも有料アプリでもなく、「自分が作成したファイル」==なのです。

⇨ 自分が作成したファイルは「捨てない」

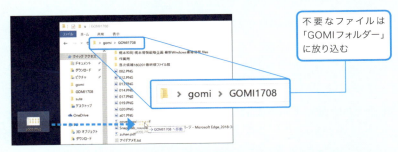

「あとで必要になるかもしれないファイル」「自分で作成したデータファイル」は簡単に捨ててはいけない。ごみ箱に放り込むぐらいなら、任意に「GOMIフォルダー」を作成してそこに放り込んでおけばよい。

月ごとに「GOMI[年月]」というフォルダーを作成し、そこに不要なファイルを放り込む。そうすれば、後日必要になった際に「年月」でファイルを探し当てることができる。ちなみに筆者はNAS（Network Attached Storage）上にGOMI専用共有フォルダーを用意し、そこに放り込むようにしている。

習慣 008
データはこまめに「保存」する

「データ消失」はダメージが大きい

　編集中のデータを失うことは、誰にとっても避けたいものです。せっかく時間をかけて作業していたのに、データを消失してしまって再度やり直し……そんなことになったら目も当てられません。

　かつては、OSやアプリの不具合で「突然パソコンが動作停止する」ということが珍しくありませんでした。実際筆者も、アプリが突然フリーズして（固まって）編集中の内容を消失してしまい、せっかくひらめいた企画や書き上げた文書が台無しに、という痛い思いを何度もしてきました。現在のパソコンはメモリ管理などもしっかりしており、昔に比べれば安定的に動作してくれますが、停電やハードウェア故障など、データを失う可能性はゼロとは言い切れません。

データ消失を防ぐ Ctrl + S キー

　データの保存は、通常は「ファイル」メニューから「上書き保存」などを選択する必要がありますが、保存のたびにこの操作を繰り返すのは面倒です。実はほぼすべてのアプリは、ショートカットキー Ctrl + S キーを入力すれば、一発で上書き保存ができます（一度も保存していないデータの場合には、保存ダイアログが表示されます）。

　つまり、編集作業中には定期的に Ctrl + S キーを入力する習慣をつければ、大切なデータを失わずに済むのです。

➲ [Ctrl]+[S]キーでデータ消失を防ぐ

データを上書き保存する場合、通常は「ファイル」メニューから「上書き保存」を選択する必要がある

[Ctrl]+[S]キーを入力すれば、一発で上書き保存できる

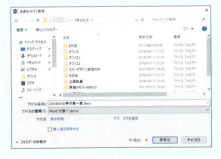

一度も保存していないデータで[Ctrl]+[S]キーを入力すれば「名前を付けて保存」となる

作業中は定期的に[Ctrl]+[S]キーで上書き保存する習慣をつけよう。なお、一度も保存されていないデータで[Ctrl]+[S]キーを入力すると「名前を付けて保存」となるので、任意のファイル名で保存する。

習慣 009

よく使うアプリは
「タスクバー」に置いておく

よく使うアプリはタスクバーに「ピン留め」する

　デスクトップの最下部のバーを「タスクバー」と呼びます。タスクバーは文字通りタスク（アプリ作業）を管理するのに最適な場所です。**よく使うアプリは「タスクバーにピン留めする」習慣**をつけましょう。

　タスクバーにアプリをピン留めするには、**任意のアプリを起動後、該当タスクバーアイコンを右クリックしてジャンプリストから「タスクバーにピン留めする」を選択**するだけです。

タスクバーでアプリを快適に操作!

　ピン留めしたアプリは、タスクバーにアイコン表示され、クリックするだけで簡単に起動できるようになります。また**ショートカットキーとして 🪟 ＋［数字］キーが割り当てられている**ため、キーボードで素早く起動することも可能です。

　履歴管理も可能で、タスクバーアイコンを右クリックすれば、「ジャンプリスト」から該当アプリの編集履歴（Wordであれば以前編集した文書データ）に素早くアクセスできます。

　なお、**起動中のアプリのタスクバーアイコンは「アンダーライン表示」**になり、この状態のアプリをクリックすると「アクティブ／最小化」の切り替えができます。この特性を把握しておけば、「デスクトップに埋もれてしまったアプリウィンドウ」を即座に表示できるので便利です。

→ タスクバーを使いこなす

◎タスクバーへのピン留め

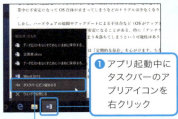

❶ アプリ起動中にタスクバーのアプリアイコンを右クリック

❷ 「タスクバーにピン留めする」を選択

❸ 以後、タスクバーにアプリアイコンが常時表示される

タスクバーにピン留めすれば、アプリをタスクバーから一発で起動できるようになる。

◎タスクバーアイコンのショートカットキー

[⊞]+[3]キー　　[⊞]+[5]キー（現在起動中）

[⊞]+[1]キー（現在起動中）　[⊞]+[2]キー　[⊞]+[4]キー　[⊞]+[6]キー

タスクバーのアイコンには左から順番に「数字」が割り当てられており、[⊞]+[数字]キー（メインキー側）で起動できる。また、現在起動中のアプリはアンダーライン表示になる（上記の例でいえば、「Microsoft Edge」と「PowerPoint」が起動中）。

◎ジャンプリストの表示

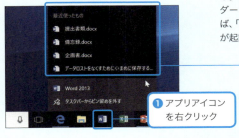

❶ アプリアイコンを右クリック

❷ 「ジャンプリスト」で履歴を確認できる

タスクバーアイコンを右クリックすれば、「ジャンプリスト」から該当アプリの「履歴」を表示できる。いつも利用するデータはここから素早く開くことも可能だ。なお、ジャンプリストにもショートカットキー [Alt]+[⊞]+[数字]キーが割り当てられている。

習慣 010

デスクトップに
余計なものを置かない

┃ デスクトップにはものを置かない!

机の上が散らかっていると、仕事がしづらいものです。「あれはどこだっけ?」と、書類の束をゴソゴソ探しているうちに、無駄に時間が経過していく……そんな経験がある人も多いのではないでしょうか。

実はこれ、パソコンも同じです。様々なフォルダーやファイル、アプリやWebサイトのショートカットアイコンなどがデスクトップに散乱していると、必要なものを探しているうちに無駄な時間が過ぎていきます。

ですから、デスクトップには「なるべくものを置かない」という習慣をつけましょう。

ファイルはきちんと分類して「ドキュメント」フォルダーに(P.160参照)、よく使うアプリは「タスクバー」に(P.30参照)、よく訪れるWebサイトはWebブラウザの「お気に入り」に(P.190)というように、「既定の場所」で管理したほうが、効率的に作業できるようになります。

┃ デスクトップに置くのは「今必要なもの」だけ

筆者の場合、「今作業中の仕事フォルダー」のみ、ショートカットアイコンをデスクトップに置いています(P.172参照)。

フォルダー内に仕事で利用するファイルをまとめておけば、あちこちデータを探す必要もなくなります。「デスクトップに余計なものを置かない」+「必要なものだけ置く」、これを心がけるだけで、格段に作業効率が高まります。

➡ デスクトップはなるべくきれいに！

散らかったデスクトップは作業効率を下げる

「現在作業中のフォルダーのショートカットアイコンのみ」をデスクトップに配置する

ショートカットアイコンにはショートカットキーを割り当てることもできる

デスクトップには「現在進行中プロジェクト」のフォルダーのショートカットアイコンのみを配置するとよい。またショートカットアイコンには「ショートカットキー」を割り当てることも可能(P.172参照)。筆者はプライオリティが一番高いプロジェクトに対しては Ctrl + Alt + W キー（W はWorkの「W」）、並行して進行しているプロジェクトに対しては Ctrl + Alt + S キー（S はSecondの「S」）を割り当てるようにしている。

まずは身につけたい11の習慣

033

習慣 011
「余計なアプリ」は導入しない

　パソコンを長年使い続けていると、「動きが遅くなったな」と感じることがあります。その大きな要因となっているのが、「余計なアプリ」の存在です。Windowsはとても働き者で、数百ものプロセス（サービスやプログラム）を同時に動作させているのですが、目に見えないところでバランスを保ちながら過負荷にならないように工夫しています。

　にもかかわらず、==様々なアプリを導入してしまうと、パソコンのリソースを消費して本来必要なプロセスの働きを阻害する==ため、結果としてパソコンの動作が重たくなってしまうのです。ですから、パソコンの安定とパフォーマンスの確保のためにも==「余計なアプリは導入しない」という習慣==をつけましょう。

➡ 「余計なアプリ」は導入しない

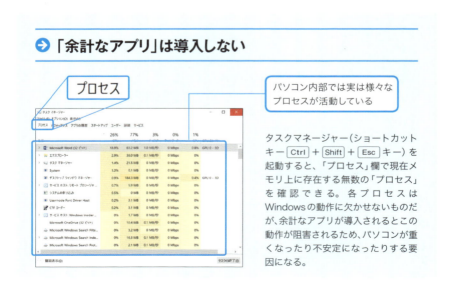

タスクマネージャー（ショートカットキー Ctrl + Shift + Esc キー）を起動すると、「プロセス」欄で現在メモリ上に存在する無数の「プロセス」を確認できる。各プロセスはWindowsの動作に欠かせないものだが、余計なアプリが導入されるとこの動作が阻害されるため、パソコンが重くなったり不安定になったりする要因になる。

> Chapter 2

Windows操作の無駄を
ゼロにする
14の習慣

習慣 **012**

パソコンは
「そのまま」使わない

▎「⚙設定」と「コントロールパネル」を覚えよう

　無駄を省いて効率的にパソコンで仕事を行うためには、**「自分が使いやすい状態にしておくこと（＝カスタマイズ）」が大切**です。

　従来はパソコンのカスタマイズといえば「コントロールパネル」から行うのが基本でしたが、Windows 10では「設定」（単に「設定」ではわかりにくいので、本書では「⚙設定」と表記）という機能が追加されており、「⚙設定」と「コントロールパネル」の双方を利用する必要があります。

　まずは、この2つの表示方法を覚えておきましょう。

● 「⚙設定」の表示
　「⚙設定」は、ショートカットキー⊞＋ Ⅰ キーで表示できます。［スタート］メニューの「設定」アイコンをクリックすることでも表示できますが、ショートカットキーのほうが断然素早いです。

● 「コントロールパネル」の表示
　「コントロールパネル」の表示はやや面倒くさく、［スタート］メニューから「Windowsシステムツール」→「コントロールパネル」と選択する必要があります。ただ、毎回この起動方法では面倒なので、**「タスクバーにピン留め」**（P.30参照）しておくことをオススメします。なお、「コントロールパネル」は初期設定では「カテゴリ表示」になっていますが、「アイコン表示」に切り替えておくと各種設定を行いやすくなります。

036

➡ 「⚙設定」と「コントロールパネル」の表示方法

◎「⚙設定」の表示

⊞ + I キーで「⚙設定」を表示できる

「⚙設定」は[スタート]メニューで「設定」を選択すれば表示できるが、ショートカットキー ⊞ + I キーで表示したほうが速い。この画面から様々な設定が行える。

◎「コントロールパネル」の表示

❶ [スタート]メニューから「Windowsシステムツール」「コントロールパネル」を選択

コントロールパネルは「アイコン」表示にする

❷「コントロールパネル」を表示できる

最近使った項目にもアクセスしやすい

コントロールパネルは「タスクバー」にピン留めしておく

「コントロールパネル」は[スタート]メニューの「Windowsシステムツール」→「コントロールパネル」と選択することで表示できるが、面倒くさいのでタスクバーにピン留め（P.30参照）しておくとよい。ピン留めしておけば、最近使った設定項目にジャンプリストから一発でアクセスすることも可能だ。

Windows操作の無駄をゼロにする14の習慣

037

📅 習慣 013

「無駄な機能」を停止して パソコンを軽快に動作させる

▎パソコンの「仕事量」を減らせば軽快に！

　パソコンは私たちが快適に操作できるように様々な処理を行っていますが、「視覚効果」もその1つです。

　気づかないかもしれませんが、例えばWindowsの各種メニューは、にゅるりと生えてくるようなアニメーション効果を行っています。また［スタート］メニューやタスクバーは、よく見ると透明効果が有効で「透けて」います。

　これらの視覚効果は、停止しても特に操作に支障があるものではありません。むしろ「余計な視覚効果を停止」すれば、そのぶんCPUの処理に余裕ができるため、パソコンを快適に操作することができます。

　各種アニメーション効果を停止する場合は、「⚙設定」から「簡単操作」→「ディスプレイ」と選択して、「Windowsにアニメーションを表示する」をオフにします。また、同じく「⚙設定」から「個人用設定」→「色」と選択すれば、「透明効果」をオフにできます。

　さらに突き詰めるならば、その他の視覚効果にも着目しましょう。コントロールパネルから「システム」を選択して、タスクペインの「システムの詳細設定」をクリックします。「システムのプロパティ」の「詳細設定」タブ内、パフォーマンス欄の「設定」をクリックして、「パフォーマンスオプション」の「視覚効果」タブで「カスタム」を選択すれば、各種視覚効果を停止できます。すべての視覚効果を停止するのではなく、不必要なものだけを停止して、快適な操作環境を手に入れましょう。

➡ パソコンの「無駄な機能」を停止する

◎「アニメーション処理」を停止する

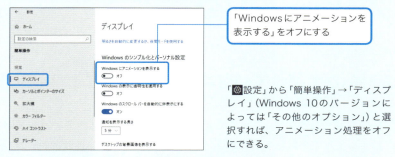

「Windowsにアニメーションを表示する」をオフにする

「⚙設定」から「簡単操作」→「ディスプレイ」(Windows 10のバージョンによっては「その他のオプション」)と選択すれば、アニメーション処理をオフにできる。

◎「透明効果」を停止する

「透明効果」をオフにする

「⚙設定」から「個人用設定」→「色」と選択すれば、「透明効果」をオフにできる(Windows 10のバージョンによっては「⚙設定」から「簡単操作」→「ディスプレイ」からも設定可能)。

◎各種視覚効果を停止する

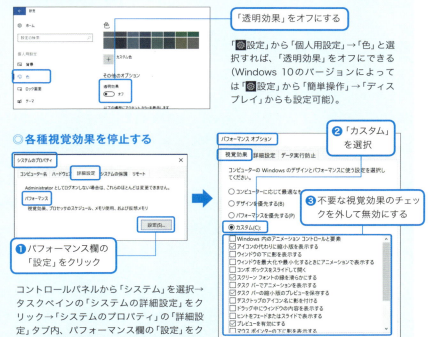

❶ パフォーマンス欄の「設定」をクリック

❷「カスタム」を選択

❸ 不要な視覚効果のチェックを外して無効にする

コントロールパネルから「システム」を選択→タスクペインの「システムの詳細設定」をクリック→「システムのプロパティ」の「詳細設定」タブ内、パフォーマンス欄の「設定」をクリックで、各種詳細な視覚効果を停止できる。

039

習慣 014

定期的にパソコン内を「大掃除」する

定期的な大掃除でパソコンをより快適に！

　部屋の掃除をしないと、あちこちに埃（ほこり）が溜まっていきます。溜まり過ぎると、思わぬ病気の要因となってしまいますが、実はこれ、パソコンも全く同じです。

　パソコンを利用し続けると、Windows内部に「テンポラリファイル」というファイルが蓄積されていきます。作業のための一時ファイルや動作速度を速めるために生成されるキャッシュなのですが、これらが溜まり過ぎると、逆にパソコンの動作が不安定になってしまうのです。

　ですから、快適な環境確保のために部屋を掃除するのと同じように、Windowsの埃（テンポラリファイル）も定期的に掃除する習慣をつけると、パソコンが快適に動作するようになります。

　パソコン内を掃除する場合は、［スタート］メニューから「Windows管理ツール」→「ディスククリーンアップ」を選択します。「ディスククリーンアップ」が起動するので、「削除するファイル」の一覧から任意の項目をチェックして（基本的にすべてチェックして構いません）、「OK」をクリックすれば、不要なテンポラリファイルを削除できます。

　なおこの作業は、いわば「簡単な（表面的な）掃除」に過ぎません。もっとガッツリ「大掃除」したい場合は、「システムファイルのクリーンアップ」を行いましょう。「ディスククリーンアップ」の画面で「システムファイルのクリーンアップ」ボタンをクリックすれば、システム系統の一時ファイルやキャッシュが一覧表示されます。

その後、削除項目の説明をよく読んで不要なものを削除します。
　パソコンの空き容量が減ると、動作が遅くなったり不安定になったりするのですが、システムファイルのクリーンアップでは、時に数GBもの不要ファイルを消去できるので効果絶大です。

パソコン内部を定期的に「掃除」する

◎ディスククリーンアップを実行する

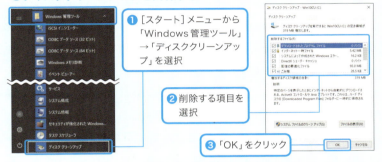

「ディスククリーンアップ」で、パソコン内の不要なファイルを削除できる。「ディスククリーンアップ」の起動は[スタート]メニューから行えるが、面倒ならCortanaに「DISK」と入力し、検索結果一覧の「ディスククリーンアップ」を選択してもよい。

◎システム系統の不要なファイルも削除する

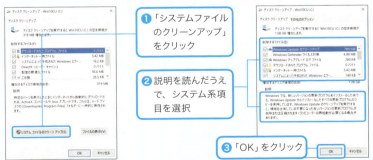

「システムファイルのクリーンアップ」をクリックすると、システム系のテンポラリファイルも削除項目の一覧として選択できる。時に数百MBから数GBという巨大なファイルを削除できるので、パソコンの動作がおかしい場合のトラブル解決に役立つこともある。

習慣 015
「電源ボタン」の 役割を指定する

■ 電源ボタンの誤動作をなくすための設定

パソコンの電源ボタンは、案外トラブルのもとです。例えば子供は目の前にボタンがあると押してしまいがちですが、作業中に勝手に電源を切られたりしたらたまったものではありません。

実は電源ボタンを押したときの動作は、自由に設定が可能です。**仕事環境／生活環境に合わせて、電源ボタンの役割を設定**しておきましょう。

「電源ボタン」の役割を変更したい場合には、**コントロールパネルから「電源オプション」を選択して、「電源オプション」のタスクペインにある「電源ボタンの動作の選択」をクリック**します。これで、「電源ボタンを押したときの動作」から任意の電源動作を指定できます。

電源ボタンを押してしまいがちな環境では、電源ボタンの役割に「何もしない」を割り当てておけば、誤操作によるシャットダウンを防ぐことができます。

■ ノートPCのカバーに電源動作を割り当てる

ノートPCであれば、「カバーを閉じたときの動作」で任意の電源動作を設定することも可能です。例えば、**移動時にバッテリーを消耗させたくない場合には、カバーを閉じたら「休止状態」になるように設定**しておくと効果的です（休止状態のパソコンは消費電力はゼロで、かつ復帰時にデスクトップ作業を再開できます）。

⮕ 電源ボタンの役割を設定する

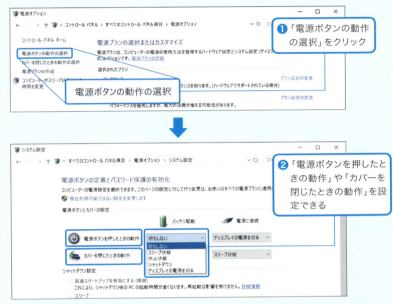

「コントロールパネル」の「電源オプション」から、電源ボタンを押したときやカバーを閉じたときの電源動作を指定できる。指定できる電源動作はパソコンのハードウェアによって異なる。

◎設定項目の概要

項目名	概要
何もしない	電源ボタンを押しても何も行われない。電源ボタンを押し間違えてしまいがちな環境で設定すると効果的
スリープ状態	スリープ、すなわち省電力状態に移行する（モダンスタンバイ対応PCではスリープ中でも一部プログラムは継続動作する）
休止状態（対応システムのみ）	Windowsを休止状態にする。メモリ内容をストレージに退避して電源断を行う
シャットダウン	シャットダウンを実行する
ディスプレイの電源を切る（対応システムのみ）	ディスプレイの電源のみを切る

習慣 016

ウィンドウの移動や
サイズ変更はキーボードで行う

■ キーボードで高速にウィンドウを操作する

　ウィンドウを移動する際はタイトルバーをドラッグ、ウィンドウサイズを変更する際はウィンドウの四隅をドラッグというように、マウスで操作するのが一般的です。

　しかし、ウィンドウの移動やサイズ変更も「ショートカットキー」で行う習慣をつければ、より素早く作業することが可能です。キーボードでのウィンドウ移動やサイズ変更は「カーソルキー」で行うことがき、細かな位置決め＆サイズ指定がしやすいという利点もあります。特にドラッグしにくいタッチパッド利用環境では、覚えておきたいテクニックの1つです。

●ウィンドウの移動

　現在操作中のウィンドウを移動したい場合は、ショートカットキー Alt ＋ space → M キー（M はMoveの「M」）を入力します。以後、上下左右のカーソルキーでウィンドウを移動でき、位置を決めたら Enter キーで確定します。

●ウィンドウのサイズ変更

　現在作業中のウィンドウのサイズを変更したい場合は、ショートカットキー Alt ＋ space → S キー（S はSizeの「S」）を入力します。以後、上下左右のカーソルキーでウィンドウのサイズ変更を行い、大きさを決めたら Enter キーで確定します。

→ キーボードでウィンドウを操作する

◎ウィンドウの移動

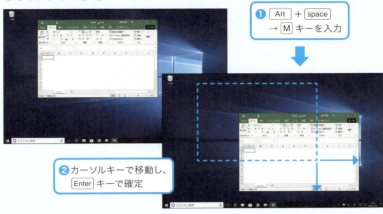

操作中のウィンドウを移動したい場合には、Alt + space → M キーを入力。上下左右カーソルキーでウィンドウの位置を変更して、Enter キーで確定する。

◎ウィンドウのサイズ変更

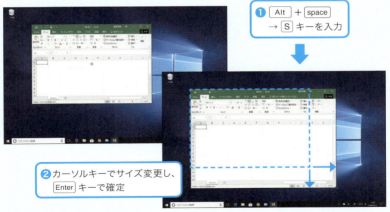

操作中のウィンドウのサイズを変更したい場合には、Alt + space → S キーを入力。上下左右カーソルキーでウィンドウのサイズを変更して、Enter キーで確定する。

習慣 017
キーボード一発で
デスクトップを表示する

無敵の「デスクトップ表示」操作

社外秘など、人に見られてはいけないデータを閲覧している場面で、背後に人が迫ってきた場合にはどうすればよいでしょうか？

「デスクトップをロックする（P.58参照）」という方法もあるのですが、ほんの一瞬だけ画面を隠せばよいだけなら、「すべてのウィンドウを最小化してデスクトップを表示する」という方法が最適です。ショートカットキー ⊞ ＋ D キー（ D はDesktopの「D」）で、デスクトップ上のすべてのウィンドウを一瞬で最小化できます（もう一度 ⊞ ＋ D キーを入力すれば元の状態に復元できるので、すぐに作業を再開できます）。

とにかく作業を見られたくない場面に遭遇したら、素早く ⊞ ＋ D キーを入力する習慣をつけましょう。

作業中のウィンドウ以外を最小化する

ウィンドウがごちゃごちゃしてくると、「今作業中のウィンドウだけを残したい」という場面もあるでしょう。

このような場合に役立つのが「ウィンドウシェイク」という機能です。現在作業中のウィンドウのタイトルバーを左右に細かくドラッグするか、ショートカットキー ⊞ ＋ Home キーを入力すれば、作業中のウィンドウ「以外」のすべてのウィンドウを最小化できます。

➡ デスクトップを一発で表示する

❶ ⊞ + D キーを入力

❷ デスクトップを一発表示できる

デスクトップを表示したい（すべてのウィンドウを最小化したい）場合には、ショートカットキー ⊞ + D キーを入力。もう一度 ⊞ + D キーを入力すれば元の状態に復元できる。

➡ 現在作業中のウィンドウ以外を最小化する

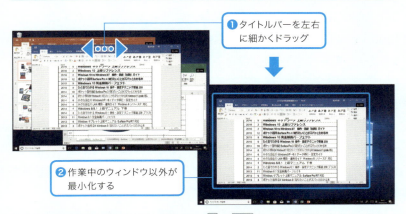

❶ タイトルバーを左右に細かくドラッグ

❷ 作業中のウィンドウ以外が最小化する

タイトルバーを左右に細かくドラッグするか、⊞ + Home キーを入力すれば、作業中のウィンドウ以外を最小化できる。もう一度タイトルバーを左右に細かくドラッグするか、⊞ + Home キーを入力すれば元の状態に復元できる。

習慣 **018**

2つの画面を並べたいときは「2画面表示」にする

2つの画面をピッタリ並べる「ウィンドウスナップ」

　パソコンで作業をしていると、「何かを参照しながら作業をしたい」という場面があります。

　例えば、参考になるExcel資料やWebサイトを参照しながら、Wordで企画書を作成したいなどの場面です。このような場面に活用できるのが「ウィンドウスナップ」という機能です。

　ウィンドウスナップでは「デスクトップ上に2つのウィンドウをピッタリ並べる」ことができ、いわば「2画面表示」のような状態にできるので、「並行作業」に最適です。

　ウィンドウスナップを実現するには、まず左側に配置したいウィンドウ（Word、Excel、Webブラウザなどのウィンドウ）を選択し、ショートカットキー ⊞ ＋ ← キーを入力します。

　これで該当ウィンドウがデスクトップ「左半面表示」になります。また右半面表示にするウィンドウ候補が縮小表示されるので、右側に配置したいウィンドウをクリックすれば（あるいはカーソルキーで選択して Enter キー）、2つのウィンドウをデスクトップにピッタリ並べて表示できます。

　並行作業が必要な場合には、この「ウィンドウスナップ」を利用する習慣をつけると、仕事がどんどんはかどり効果的です。

　ちなみにウィンドウスナップでは、隣接するウィンドウの境界線をドラッグすることで、2つのウィンドウの幅を変更することも可能です。

➡ 「ウィンドウスナップ」でウィンドウを左右に並べる

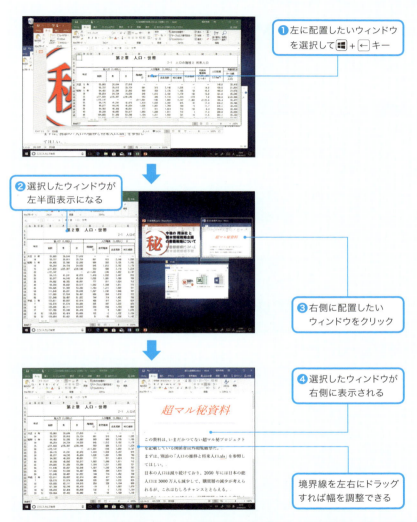

① 左に配置したいウィンドウを選択して ⊞ + ← キー

② 選択したウィンドウが左半面表示になる

③ 右側に配置したいウィンドウをクリック

④ 選択したウィンドウが右側に表示される

境界線を左右にドラッグすれば幅を調整できる

ウィンドウスナップを使えば、ウィンドウを2画面表示にできる。何かを参照しながら作業したい場合に効果を発揮する。なお、最初の ⊞ + ← キー入力直後に ⊞ + ↑ / ↓ キーを入力すれば、1/4サイズで表示することも可能だ。

習慣 019

データを開くアプリを
あらかじめ決めておく

起動するアプリを指定して無駄をなくす

ファイルをダブルクリックすると、Windowsが「既定」とするアプリでファイルが開きます。

例えば標準的な環境（Windows10）であれば、画像ファイルをダブルクリックすると「フォト（Windows標準ビューアー）」が、テキストファイルをダブルクリックすると「メモ帳」が起動してデータが開きます。

しかし、時には既定以外のアプリで開きたいことがあります。例えば、画像を「見る（閲覧）」のではなく「編集」したい場合には**ファイルを右クリックして（または [≡] （アプリ）キー）、ショートカットメニューから「プログラムから開く」→［任意のアプリ］を選択すれば、指定したアプリでファイルを開くことができます**。

また、もし開きたいアプリが決まっているならば、「既定のアプリ」を指定（変更）しておくと、いちいちアプリを指定する必要がなくなります。

例えばテキストファイルを開く「既定のアプリ」を指定したければ、テキストファイルを右クリックして、ショートカットメニューから「プログラムから開く」→「別のプログラムを選択」と選択します。**「このファイルを開く方法を選んでください」から「常にこのアプリを使って［拡張子］ファイルを開く」にチェックを入れ、既定にしたいアプリを選択すれば、以後指定したアプリでテキストファイルを開くことができます**。

「既定のアプリ」によく利用するアプリを割り当てておけば、いちいちアプリを選択するという手間が省けて便利です。

⮕ 自分が使いやすいアプリを割り当てる

◎アプリを指定してファイルを開く

ファイルを開くアプリを指定することが可能。「今回だけは違うアプリで開きたい」という場合は、この手順でアプリを指定すればよい。(🪟→Hキーでも同様の操作を実現できる)

◎「既定のアプリ」を指定する

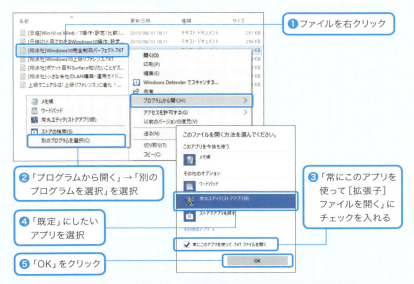

一回限りではなく、常に同じアプリでファイルを開きたい場合は、この手順で「既定のアプリ」を指定する。以後、ファイルをダブルクリックすれば、ここで指定したアプリで開けるようになる。

📅 **習慣** # 020

「今見たいウィンドウ」を
一発で表示する

Windowsは「ウィンドウ・ズ」であり、デスクトップに複数のウィンドウを展開して作業するスタイルが基本です。

==ウィンドウをいちいち閉じずに、必要に応じて「今作業したいウィンドウ」に切り替えていくのが正しい活用法==なのです。

ここでは、目的のウィンドウに一発で切り替えるための主な機能を3つ紹介します。この3つの機能（手順）をフル活用し、==ウィンドウをサクサク切り替えながら効率的に作業する習慣==をつけてください。

① 「タスクバー」による切り替え

最も基本的なのが、「タスクバー」によるウィンドウの切り替えです。

==タスクバーにあるアイコン（起動中のタスクバーアイコン、アンダーラインがあるもの）をクリックすれば、ウィンドウを切り替えることができます。==

また、==タスクバーアイコンには ⊞ ＋［数字］キーが割り当てられている==ので（P.30参照）、このショートカットキーを利用してウィンドウを切り替えることも可能です。

同一アプリを複数起動している場合にも、タスクバーは威力を発揮します。例えばExcelで「請求書1」「請求書2」というファイルを別ウィンドウで開いている場合、Excelのタスクバーアイコンにマウスポインターを合わせれば、「請求書1」「請求書2」がサムネイルで表示されます。サムネイルをクリックすれば、ウィンドウを切り替えることができます。

➡「タスクバー」でウィンドウを切り替える

◎タスクバーによる切り替え

タスクバーから起動中の該当タスクバーアイコンをクリックすれば、ウィンドウを切り替えられる。またタスクバーアイコンの表示でタスクの様子を確認できる。アンダーラインは起動中、白濁は現在アクティブのアプリ（最前面で作業中のアプリ）という意味だ。現在アクティブのアプリをクリックすると「最小化」になる。

タスクバーからウィンドウを切り替える

◎同一アプリを複数起動している場合の切り替え

❶ 複数起動しているタスクバーアイコンをクリック

❷ サムネイル表示になるので、アクティブにしたいウィンドウをクリック

❸ 指定したウィンドウがアクティブになる

該当アプリが複数起動している場合、該当アプリのタスクバーアイコンをクリックするとサムネイルが表示される。作業したいウィンドウのサムネイルを選択すれば、一発でアクティブにできる。

② 「Windows フリップ」による切り替え

　現在のデスクトップを表示したまま、素早く任意のウィンドウを探して切り替えたい場合には「Windows フリップ」が便利です。

　ショートカットキー Alt ＋ Tab キーを入力すると、現在起動しているウィンドウがデスクトップ中央にサムネイルで表示されます。 Alt キーを押したまま Tab キーを連打すれば、目的のウィンドウに切り替えることができます。

　また、「押したまま」という操作が苦手であれば、 Ctrl ＋ Alt ＋ Tab キーで「Windows フリップ」を静止状態にできます。カーソルキーで目的のウィンドウのサムネイルを選択し、 Enter キーで切り替えることが可能です。

③ 「タスクビュー」による切り替え

　ウィンドウの切り替えでだけでなく、より突っ込んだ操作を行いたいなら、「タスクビュー」が便利です。

　ショートカットキー ⊞ ＋ Tab キーを入力すれば「タスクビュー」表示になり、現在起動しているウィンドウの一覧が表示されます。任意のウィンドウをクリック、またはカーソルキーで指定して Enter キーを押せば、ウィンドウを切り替えられます。

　タスクビューはWindowsフリップよりも視認性が高く、またタスクビュー上の任意のウィンドウを右クリックすることで、ショートカットメニューから各種操作も可能です。

　例えば、タスクビュー上で任意のウィンドウを右クリックして、ショートカットメニューから「左にスナップ」を選択すれば（またはショートカットキー 🖳 → L キー）、デスクトップにウィンドウをピッタリと並べる「ウィンドウスナップ（P.48参照）」をここから実行することができます。

⮕「Windowsフリップ」でウィンドウを切り替える

❶ Ctrl + Alt + Tab キーを入力すれば、起動中のウィンドウが「Windowsフリップ」に一覧表示される

❷ カーソルキーで選択して、Enter キーでウィンドウを切り替えられる

⮕「タスクビュー」でウィンドウを切り替える

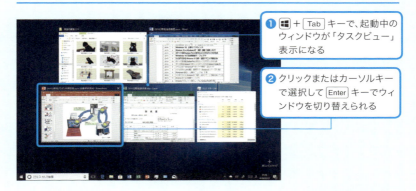

❶ ⊞ + Tab キーで、起動中のウィンドウが「タスクビュー」表示になる

❷ クリックまたはカーソルキーで選択して Enter キーでウィンドウを切り替えられる

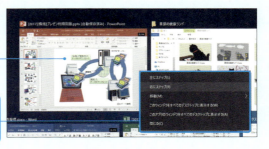

任意のウィンドウを右クリック

ウィンドウを閉じたり、ウィンドウスナップ表示にしたりなど、各種操作も可能

📅 習慣 # 021

デスクトップの領域を
「倍」にする

┃ デスクトップを「広く」するずるいテクニック

　使用しているパソコンによっては、「デスクトップが狭い!」と感じること
もあるかもしれません。そんなときはWindows 10の「仮想デスクトップ」
機能を使えば、デスクトップを増やして＆使い分けて作業することができ
ます。

　仮想デスクトップを使うには、ショートカットキー ⊞ ＋ Tab キーで
「タスクビュー」を表示して、画面右下の「＋新しいデスクトップ」をク
リックすれば、新しいデスクトップ（デスクトップ2）を作成できます。

　以後、タスクビュー下部で任意のデスクトップ（デスクトップ1／デスク
トップ2）をクリックすれば、デスクトップの切り替えが可能です。

　また、デスクトップ間でウィンドウを移動したい場合も、タスクビュー表
示状態で、移動したいウィンドウをドラッグ＆ドロップすればOKです。

　なお、ここでは「タスクビュー」を使って解説しましたが、仮想デスク
トップの各種操作はショートカットキーでも行えます。「新しいデスクトッ
プを作成」はショートカットキー ⊞ ＋ Ctrl ＋ D キー、「仮想デスクトッ
プの表示切り替え」は ⊞ ＋ Ctrl ＋左右カーソルキー、「表示中の仮想デ
スクトップを閉じる」は ⊞ ＋ Ctrl ＋ F4 キーです。

　筆者は、デスクトップ1で「執筆」（Word）、デスクトップ2で「図版作
成」（PowerPoint）、デスクトップ3で「アイデアや備忘録のメモ」（OneNote）
のように使い分けて＆切り替えて活用しています。

➔ 仮想デスクトップを活用する

◎仮想デスクトップの作成

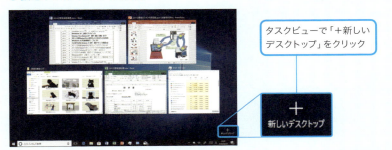

タスクビューで「＋新しいデスクトップ」をクリック

タスクビューで「＋新しいデスクトップ」をクリックするか、デスクトップ上で直接⊞＋Ctrl＋Dキーで新しいデスクトップ（デスクトップ2）を作成できる。デスクトップは2つ以上作成することも可能だ。

◎別のデスクトップにウィンドウを移動

タスクビューでウィンドウをドラッグ＆ドロップすれば別のデスクトップに移動できる

タスクビューでウィンドウを任意のデスクトップにドラッグ＆ドロップすればウィンドウを移動できる。

◎デスクトップの切り替え

任意のデスクトップをクリックすれば表示を切り替えられる

タスクビュー下部から任意のデスクトップをクリックするか、⊞＋Ctrl＋左右カーソルキーでデスクトップを切り替えられる。

習慣 022
離席時は必ず「ロック」する

重要なデスクトップの「ロック」

　ビジネス環境では、デスクトップを表示したまま席を離れると、メールや機密データなどを盗み見られてしまう可能性があります。ですから、**席を離れるときは必ずデスクトップを「ロック」する習慣**をつけましょう。デスクトップをロックすれば、パスワードを入力しない限りデスクトップ操作を行えなくなるため、安全性が高まります。

　ロックは、ショートカットキー ⊞ + L キーで簡単に行えます。打ち合わせで席を離れるとき、トイレに行きたいときなど、とにかく離席するときは ⊞ + L キーを忘れないようにしましょう。

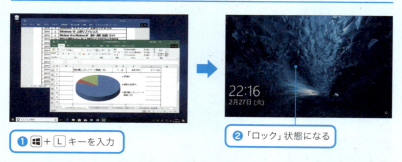

▶ 席を離れるときは必ず「ロック」

❶ ⊞ + L キーを入力
❷ 「ロック」状態になる

離席時は必ずデスクトップを「ロック」する。ロック中も、パソコンがスリープに移行しない限り、デスクトップ作業（データコピーやアップデートなど）は継続される。

習慣 023
操作ミスは即「キャンセル」&「やり直し」

間違ったら Esc キーか Ctrl + Z キー

　人間ですから「操作ミス」は当然起こり得ます。そんなときに大活躍する2つのショートカットキーを覚えておきましょう。

　まずは Esc キー。これは「操作のキャンセル」を行うキーです。今行っている操作を中止したい、変なメニューが表示されてしまった、そんなときは Esc キーを押す習慣をつけましょう。

　もう1つは Ctrl + Z キー。これは、「元に戻す」というキーです。間違った場所にファイルをコピーしてしまった、間違ったテキストを入力してしまった、そんなときは Ctrl + Z キーを入力すれば「1つ前の状態」に戻ることができます。

➡ 操作の「取り消し」と「やり直し」

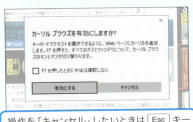

操作を「キャンセル」したいときは Esc キー

操作を「元に戻したい（やり直したい）」ときは Ctrl + Z キー

Esc キーで操作の「キャンセル」、Ctrl + Z キーで「元に戻す」だ。要所でこの2つのショートカットキーを利用すると、スムーズに作業が進む。

習慣 024
スリープされるまでの時間を あらかじめ設定しておく

　パソコンは一定時間操作しないと、省電力のために自動的に「スリープ」に移行するようになっています（スリープから復帰するには「パスワード入力」が必要になります）。

　このスリープまでの移行時間は、実は自分自身で設定できます。

　ノートPCなどで、なるべく省電力を実現したい場合はやや「短め」に設定すればよいですし、業務柄「資料」を眺めたりする時間が長く、「すぐにスリープになるのが不便」と感じている人は、やや「長め」に設定すればよいでしょう。

　「⚙設定」から「システム」→「電源とスリープ」と選択すれば、「スリープ」欄でスリープされるまでの時間を設定することができます。

➡ スリープされるまでの時間を設定する

「⚙設定」から「システム」→「電源とスリープ」と選択すれば、「スリープ」欄でスリープされるまでの時間を設定できる。ノートPCであれば、「バッテリー駆動時」と「電源接続時」を個別に設定することが可能だ（電源時は社内なので長め、バッテリー時は外出時なので短めなど）。

スリープされるまでの時間を設定できる

習慣 025
マウスポインターの位置を見失わないようにする

1日の作業で目が疲れてくると、「マウスポインター」（マウスの表示位置を示す矢印アイコン）を見失いがちです。作業中、「マウスポインターはどこに行った？」と慌てた経験がある人は多いかもしれません。

特に大型液晶や高解像度のディスプレイを使っていると、マウスポインターを見失いがちです。

そこで、==明確にマウスポインターの場所がわかるようにしておきましょう。==マウスポインターを見失わないようにするには、==コントロールパネルから「マウス」を選択して、「ポインターオプション」タブの「表示」内、「Ctrlキーを押すとポインターの位置を表示する」をチェック==します。こうすれば、以後 Ctrl キーを押すだけでマウスポインターの位置が示され、見失わずに済みます。

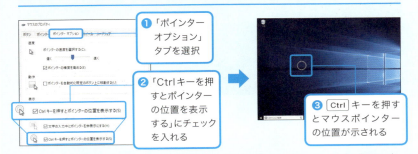

➡ Ctrl キーでマウスポインターの位置を表示する

❶ 「ポインターオプション」タブを選択

❷ 「Ctrlキーを押すとポインターの位置を表示する」にチェックを入れる

❸ Ctrl キーを押すとマウスポインターの位置が示される

コントロールパネルから「マウス」を選択して、「ポインターオプション」タブの「表示」内、「Ctrlキーを押すとポインターの位置を表示する」をチェックすれば、Ctrl キーを押すことでマウスポインターの位置を確実に認識できるようになる。

コラム タスクバーを使いやすくカスタマイズする

　タスクバーの余白を右クリックすれば、Windowsのタスクバーに表示する項目を任意に設定できる。本書は「タッチキーボード」「Windows Inkワークスペース」を活用するテクニックを紹介しているので、この2つは表示させておくことをオススメする。また、タスクバーの左側には「検索ボックス（Cortana）」が表示されているが、Cortanaの検索ボックスはショートカットキー■＋Sキー（SはSearchの「S」）で表示できるので、タスクバーを広く使いたい場合はアイコン表示や非表示にしてもよいだろう。

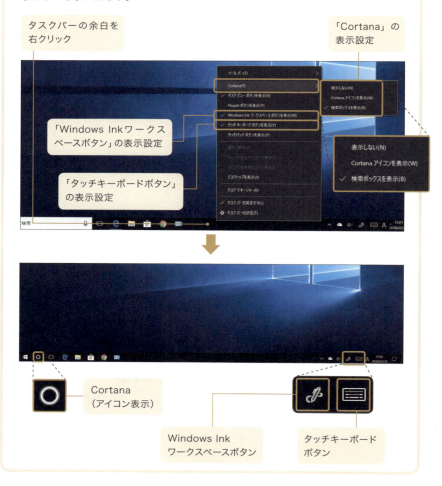

> Chapter 3

Word&Excelの無駄を
ゼロにする
27の習慣

本章は「Office 2016」をベースに解説していますが、Officeスイートはアップグレードする（機能を改定する）仕
様のため、一部の詳細な操作や設定は環境によって異なることがあります。

習慣 026 ［共通］

Word＆Excelは「先行指定」で操作する

目的の操作対象は「先行指定」する

WordやExcelは、「操作したい対象」（文字列、オブジェクト、セルなど）を「先行指定」（選択）してから目的の操作設定を行うのが基本です。

先行指定後は「リボンコマンド」から操作設定を行うのが基本になりますが（P.66参照）、実は選択後に「右クリック」も便利です。

例えばWordの文字列を選択して右クリックすれば、「ミニツールバー」に「フォントの種類」「フォントサイズ」「ルビ」「太字／斜体／下線」などのコマンドが表示されるので、ここで任意に設定することも可能です（選択方法や環境設定によっては、右クリックしなくても自動的に「ミニツールバー」が表示されます）。

とにかく、WordやExcelで何らかの操作を行いたい場合には「先行指定」（先に対象を選択）するという習慣をつけましょう。

Shift ＋カーソルキーでサクサク範囲選択

Wordの文字列やExcelのセルの選択は、マウスドラッグでもよいですが、Shift ＋カーソルキーで選択することも可能です。

Wordの文字列であれば、始点にカーソルを合わせたあと、Shift ＋ → キーで範囲指定できます。Excelのセル範囲を選択したい場合も同様に、始点のセルから Shift ＋ → キーや Shift ＋ ↓ キーを入力すれば、範囲選択を行えます。場面によっては、こちらのほうが確実に選択できて便利です。

➔ Word&Excelは「先行指定」が基本

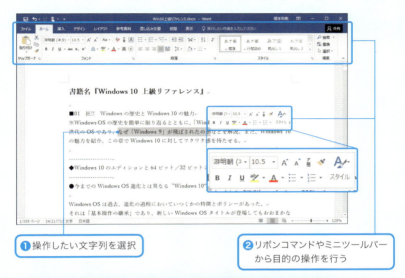

❶操作したい文字列を選択

❷リボンコマンドやミニツールバーから目的の操作を行う

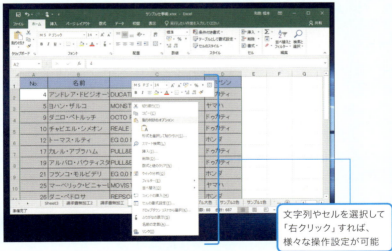

文字列やセルを選択して「右クリック」すれば、様々な操作設定が可能

WordやExcelは「先行指定後に操作」が基本。また、文字列やセルを選択後に右クリックすれば、ミニツールバーおよびショートカットメニューから大抵の操作を行うことが可能だ。

習慣 027 ［共通］

ショートカットキーで
リボンコマンドを操作する

リボンに割り当てられたショートカットキーを駆使

WordやExcelのリボンコマンドは「ホーム」「挿入」「デザイン」などのタブに分かれていますが、何か操作を行うたびに、いちいち該当タブを開き、タブの中から目的のコマンドを選択して……というのは面倒です。

実はリボンのタブやコマンドには、「ショートカットキー」が割り当てられています。素早く操作するためにも、ショートカットキーで操作する習慣をつけましょう。

割り当てられたショートカットキーは、Alt キーを押すことで簡単に確認できます。Alt キーを押してみると、「ホーム」タブは H キー、「挿入」タブは N キーなどが割り当てられていることがわかります。

また、Alt ＋ H キーで「ホーム」タブを表示すれば、「ホーム」タブの各コマンドに割り当てられたショートカットキーも確認できます。

一例を挙げると、Wordの「ホーム」タブ内、「蛍光ペン（マーカー）」には、「I2」が割り当てられています。よって、Alt ＋ H → I → 2 キーと入力し、色（マーカー色）の一覧からカーソルキーで任意の色を選択して Enter キーを押せば、「文字列に対するマーカー処理」を簡単に実現できます。

すべてのコマンドをショートカットキーで操作する必要はありませんが、よく使うリボンコマンドのショートカットキーは手に覚えさせておくとよいでしょう。

066

⮕ リボンコマンドをショートカットキーで操作する

◎各タブのショートカットキー

ショートカットキーは、「英語表記の頭文字」が割り当てられていることが多い。例えばファイル（File）は F 、ホーム（Home）は H という具合だ。ただ、既存のショートカットキーとバッティングする場合は、頭文字でないこともある。

◎「ホーム」タブのショートカットキー

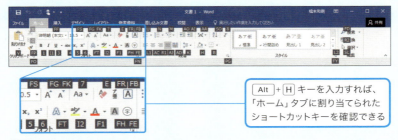

Alt + H キーを入力すれば、「ホーム」タブに割り当てられたショートカットキーを確認できる

Alt + H キーで「ホーム」タブを開けば、「ホーム」タブ内のリボンコマンドに割り当てられたショートカットキーを確認できる。

Alt + H → I → 2 キーと入力すれば、文字列をマーカーにできる

Alt + H → I → 2 キーを入力。任意の色をカーソルキーで選択して Enter キーを押せば、簡単に文字列をマーカーできる。

習慣 028 ［共通］

「よく行う操作」を 一発で実行する

▎よく使うコマンドに Alt ＋［数字］キーを割り当てる

リボンコマンドはショートカットキーで操作できますが、「必要なキー入力数が多い」（キーの連打が必要）という欠点があります。

WordやExcelを自分なりに使い込んでいくと、「よく利用するコマンド」はおのずと限られてきます。よく利用するコマンドの中でも「特に多用するコマンド」は、「クイックアクセスツールバー」に配置して素早く実行できるようにしておきましょう。

例えば、筆者はリボンコマンド「挿入」タブの「オンライン画像」（オンライン画像を検索して挿入）をよく利用します。

本来であれば、「オンライン画像」は Alt ＋ N → F キーで操作する必要がありますが、筆者はクイックアクセスツールバーに追加して、 Alt ＋ 5 キーで一発起動できるようにしています。

このように、「特によく利用する操作」に Alt ＋［数字］キーを割り当てたい場合は、任意のリボンコマンドを右クリックして、ショートカットメニューから「クイックアクセスツールバーに追加」を選択します。すると、タイトルバー右上にある「クイックアクセスツールバー」に指定のリボンコマンドが追加されます。

クイックアクセスツールバーのアイコンには左から「1・2・3……」という形で数字が割り当てられており、以後 Alt ＋［数字］キー（メインキー側）で登録したリボンコマンドを実行できます。

⮕ リボンコマンドに Alt +[数字]キーを割り当てる

◎「クイックアクセスツールバー」への登録

❶ 登録したいリボンコマンドを右クリック

❷「クイックアクセスツールバーに追加」を選択

❸ クイックアクセスツールバーに先に指定したコマンドが登録される

❹ 登録したコマンドは Alt +[数字]キー(この場合は 5)で実行できる

「クイックアクセスツールバー」に登録したコマンドは Alt +[数字]キー(メインキー側)で実行することが可能。アイコンをクリックしても実行できるので、「特によく使うコマンド」はここに登録するとよい。

◎ショートカットキーの最適化

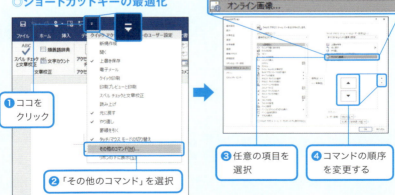

❶ ココをクリック

❷「その他のコマンド」を選択

❸ 任意の項目を選択

❹ コマンドの順序を変更する

クイックアクセスツールバーのコマンドの順序は変更することも可能。コマンドの順序＝ショートカットキーの数字になるため、よく利用するコマンドは上位に持っていくとよい。

習慣 029 ［共通］

自分が使いやすい作業領域と表示倍率にしておく

作業領域を広げて編集しやすくする

「WordやExcelの作業をもっと快適に行いたい」という場合には、作業領域の最適化は欠かせない要素の1つです。アプリのウィンドウサイズを最大化したい場合には、タイトルバーをダブルクリックすればOKですが、Officeスイートは「超最大化」にも対応しています。

タイトルバーにある「 ▦ （リボンの表示オプション）」をクリックして、メニューから「リボンを自動的に非表示にする」を選択すれば、タイトルバーやリボンタブを非表示にして作業領域を全画面表示にできます。

なお、この全画面表示状態では「 ⋯ 」をクリックすることで、任意にタイトルバーやリボンコマンドを表示できます。

作業領域内の「表示倍率」を調整する

WordやExcelの作業領域内を拡大・縮小したいという場合は、「表示倍率」を変更します。表示倍率は、画面右下のズームスライダーで調整できます。または、 Ctrl ＋スクロール操作（マウスホイール／二本指スワイプ）でも、素早く任意の倍率に表示変更することが可能です。

ちなみに、表示倍率をパーセンテージで指定したい場合は、ショートカットキー Alt ＋ W → Q キーを入力します。そうすれば、ダイアログで任意の表示倍率を指定できます。「100%表示に戻したい」という場合は、ショートカットキー Alt ＋ W → J キーを入力すればOKです。

➡ 「作業領域」と「表示倍率」を最適化する

◎作業領域を「全画面表示」にする

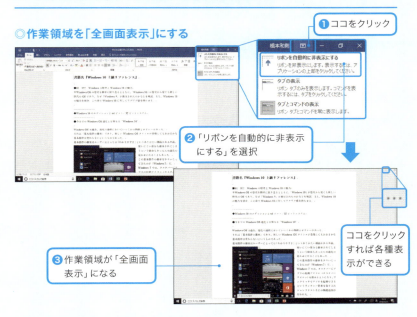

❶ココをクリック

❷「リボンを自動的に非表示にする」を選択

❸作業領域が「全画面表示」になる

ココをクリックすれば各種表示ができる

◎作業領域内の表示倍率を変更する

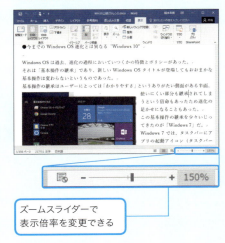

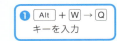

❶ Alt + W → Q キーを入力

❷任意の倍率を直接指定できる

ズームスライダーで表示倍率を変更できる

071

習慣 030 [共通]
Word＆Excelを一発で起動する

Word＆Excelをタスクバーにピン留めする

　WordやExcelを素早く起動したい場合には、「タスクバーにピン留め」しておきます。

　WordやExcelを「タスクバーアイコン」として管理すれば、ワンクリックで起動できるほか、ショートカットキー ⊞ ＋［数字］キー（メインキー側）で素早く起動できるからです。

　また、Word／Excelのタスクバーアイコンを右クリックして「ジャンプリスト」を表示すれば、最近編集したデータファイルを素早く開くこともできます（タスクバーの操作についてはP.30参照）。

そもそもどこから起動するかわからないときは？

　他人のパソコンを借りたときなどは、「そもそもWordやExcelの起動方法がわからない（［スタート］メニューから探せない）」というケースもあるかもしれません。

　このようなときには、「Cortana」を活用します。「Cortana」の検索ボックスに「Word」「Excel」と入力すれば、該当アプリが一覧に表示され、選択することで素早く起動することが可能です。

　なお、パソコンのOSが「Windows 8.1／Windows 7」の場合も同様に、スタート画面／［スタート］メニューの検索ボックスにキーワードを入力すれば、アプリを検索して起動することができます。

➔ Word&Excelを素早く起動する

◎タスクバーにピン留めする

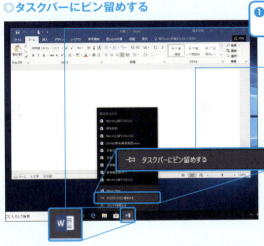

❶ 起動した状態でタスクバーアイコンを右クリック

❷「タスクバーにピン留めする」を選択

WordやExcelを素早く起動したい場合は、タスクバーにピン留めする。タスクバーにピン留めすれば、「ジャンプリスト」から最近作業したファイルにアクセスできるようになる（P.30参照）。

◎Word&Excelを探す

❶「Cortana」の検索ボックスに「word」と入力

❷ 検索結果にWordが表示されるので、選択して起動

「そもそもどこからWordやExcelを起動すればいいかわからない」というときは、検索ボックスでキーワード検索すればよい（なお、注意したいのはWord&ExcelともにWindowsに標準搭載されているわけではないということ。「Office」が導入されていなければ検索結果には表示されず、当然起動することもできない）。

073

📅 **習慣** # 031 ［共通］

「空のファイル」を先に作っておく

▌「どこに保存したっけ？」そんな悩みを解決！

WordやExcelで新規ファイルを作成したら、当たり前ですが「保存（ファイル保存）」を行う必要があります。その際は「任意の保存先」（「ドキュメント」フォルダーなど）を指定する必要がありますが、「保存先の指定」は非常にわかりにくく、また面倒くさいものです（Officeスイートのバージョンやエディションによって操作手順が異なることさえあります）。「ファイルをどこに保存したのか忘れてしまった」「ファイル名を忘れたので探し出せない」という経験がある人も多いのではないでしょうか。

そんな事態を避ける方法の1つに、**「あらかじめエクスプローラーで空のファイルを作成しておく」**という方法があります。

具体的には、**任意のデータ保存フォルダーをエクスプローラーで開き、右クリックして（または 📋（アプリ）キー）、ショートカットメニューから「新規作成」→［任意作成データ］（「Word文書」や「Excelワークシート」）を選択**します。

該当フォルダーにWordあるいはExcelの「空のファイル（新規）」が作成されるので、任意のファイル名（ファイル内容がわかる名前）を付けます。あとは作成したファイルをダブルクリックして開けば、データを編集できます。この方法を用いれば、**ファイルを編集する前にあらかじめ「ファイル名」と「保存先」を指定できる**ので、ファイル名の重複を防ぐことが可能です。また、「あのファイルはどこに保存したっけ？」と悩むことも少なくなります。

➡ フォルダーを指定して空のファイルを作成しておく

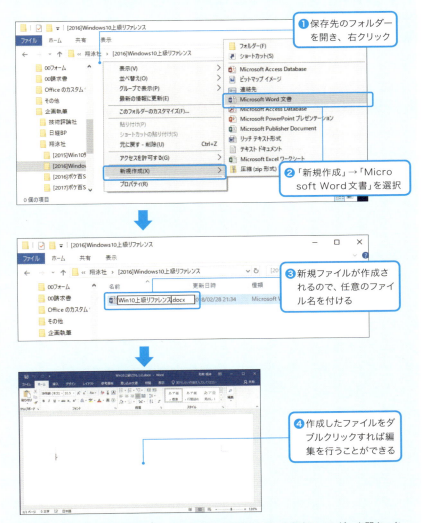

エクスプローラーでいつも利用している（あるいは既定の）データ保存フォルダーを開き、あらかじめ空のファイルを作成しておく。これにより、「ファイル名の重複」「保存場所を忘れてしまった」などのトラブルを防ぐことができる。

習慣 032 ［共通］

「印刷プレビュー」を
確認して印刷ミスを防ぐ

印刷前には必ず「印刷プレビュー」を確認する

WordやExcelで作成したデータを印刷したあと、「思ったイメージと違った！」ということがあります。

そんなとき「印刷し直し」をしていると、時間と紙とインクを無駄に消費してしまいます。

そこで、必ず「印刷プレビュー」で余白などを調整したうえで、イメージを確認してから印刷するという習慣をつけましょう。

「印刷」（印刷プレビュー）には、ショートカットキー Ctrl ＋ P キー（ P はPrintの「P」）でアクセスできます。

パソコンに複数のプリンターが接続されている場合は、最初に「印刷するプリンターを選択する」ようにします。これはプリンターによって、余白設定／用紙サイズ選択／両面印刷などの各種機能が異なるためです。

紙の無駄をなるべく少なくしたい場合は、「余白」に着目しましょう。余白が狭ければ狭いほど、印字エリアが広がるからです。

また、印刷枚数を少なくしたい場合には「両面印刷」と「面付け印刷」にも着目します。「両面印刷」は1枚の紙の裏表に各ページを印刷する機能、また「面付印刷」は1枚の紙に2ページ／4ページなどを面付して（複数ページを並べて）印刷する機能です。

ズームスライダーを調整しての印刷イメージを確認するのも効果的です。ズームスライダーで「縮小」を行うと、複数のページを並べて印刷イメージを確認できるので、改ページ位置調整などの指標になります。

➡ 無駄のない印刷をするテクニック

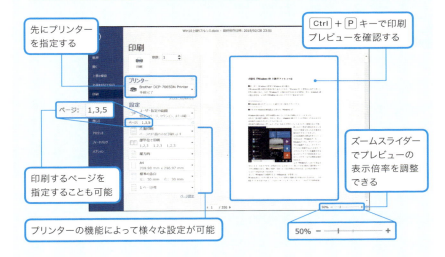

- 先にプリンターを指定する
- Ctrl + P キーで印刷プレビューを確認する
- ページ: 1,3,5
- 印刷するページを指定することも可能
- ズームスライダーでプレビューの表示倍率を調整できる
- プリンターの機能によって様々な設定が可能

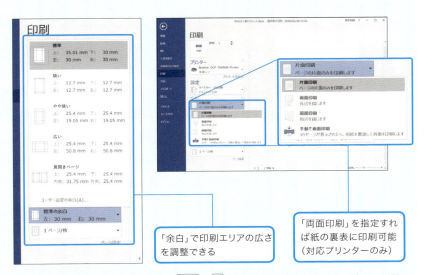

- 「余白」で印刷エリアの広さを調整できる
- 「両面印刷」を指定すれば紙の裏表に印刷可能（対応プリンターのみ）

印刷プレビューはショートカットキー Ctrl + P キーで表示できる。「印刷プレビュー」を見ながら各種調整していけば、印刷ミスや紙の無駄を減らせる。

習慣 **033** ［共通］

紙を一切使わずに印刷する

紙に印刷しない反則ワザ「PDFファイル出力」

実は、筆者は「紙」に印刷するのがあまり好きではありません。紙代やインク代がかかり、無駄が多いと感じるからです。

では、実際に資料として必要になった場合どうしているかといえば、基本的に紙ではなく「PDF形式で出力」して済ませています。

WordやExcelファイルは、参照するデバイスによっては別途アプリが必要であったり、環境によって保存形式が限られたり、レイアウトが崩れてしまったりすることがあります。しかし、PDFファイルは汎用性に優れており、「Officeをインストールしていないパソコン」でも参照可能なほか、スマートフォンやタブレットでも問題なく閲覧できます。

PDFファイルをOneDriveなどのクラウドに保存しておけば「いつでも」「どこでも」「どの媒体でも」データを参照でき、紙のようにいちいち「用紙に印刷」したうえで「持ち歩く」という手間を省けるのです。

ちなみにPDFファイルへの印刷手順は、基本的に紙と同様です。印刷画面の「プリンター」の選択で「Microsoft Print to PDF」を選択したのちに「印刷」を実行してファイルに保存します。

PDFファイルは「アノテーション」が可能な点も見逃せません。アノテーションとはデータに注釈を付記する作業のことで、紙の資料にマーカーなどで書き込むのと同様の作業が可能です（アノテーションは各種PDF対応アプリのほか、Windows 10標準の「Microsoft Edge」も対応しています）。

もちろん、場面によってはやはりデジタルデータだけではなく「紙の出力

が欲しい」ということもありますが、PDFファイルであればOfficeアプリがなくても紙へ印刷できます。

　ちなみに筆者は「A4白黒複合機」しか所有していません。頻度の低いカラー／A3印刷のためにわざわざ該当プリンターを保有することはランニングコスト＆置き場所の無駄だと考えているからです。これらの印刷が必要になったときは、PDFファイルをコンビニのコピー機で印刷しています。

WordやExcelを「PDF」で出力する

◎PDF形式で出力

印刷設定画面の「プリンター」から「Microsoft Print to PDF」を選択すれば、PDFファイルとして出力できる。WordやExcelファイルはもちろん、Webページなども同様に出力可能だ。

◎Microsoft Edgeによるアノテーション

PDFには各種書き込みも可能

PDFファイルは「Adobe Acrobat Reader」などの専用アプリはもちろん、Windows 10であればMicrosoft Edgeで普通に開くことができる。PDFファイルに書き込みをすることも可能なので、「紙」と同様の管理が可能で、かつ紙のように印刷コストや持ち歩きの手間がかからないのがポイントだ。

習慣 034 [Word]

文字や画像のコピーは
キーボードで済ませる

文字列や画像はショートカットキーでコピー

文字列や画像のコピーは「ショートカットキー」で行う習慣をつけましょう。コピーしたいアイテム（文字列や画像）を選択して Ctrl ＋ C キーを入力し、コピー先で Ctrl ＋ V キーを入力すれば、コピーしたアイテムを一発で貼り付けることができます。

アプリをまたいで操作できますから、例えばWebページの文字列や画像をコピーし、Wordに貼り付けるということも可能です。

ただし、Webページなどの文字列をコピーすると、その文字列の「書式（色やフォントなど）」も一緒にコピーされてしまいます。それが邪魔な場合は、Ctrl ＋ V キーでペーストせず、任意の挿入位置で右クリックして（または 🖮 （アプリ）キー）、ショートカットメニューの「貼り付けのオプション」欄から、「テキストのみ保持」を選択します。そうすれば、元の文字列の書式を破棄し、「テキストのみ」を貼り付けることができます。

逆に、「書式のみ」をコピーすることも可能です。例えば、ある文字列に「文字が赤・イタリック・アンダーライン・傍点」という書式が適用されていたとします。この書式をコピーしたい場合は、書式が適用された文字列を選択して Ctrl ＋ Shift ＋ C キーを入力します。書式を適用したい文字列を選択し、Ctrl ＋ Shift ＋ V キーを入力すれば、文字列ではなく「文字色が赤・イタリック・アンダーライン・傍点」という「書式のみ」を文字列にコピーすることができます。

➡ 文字列や画像をショートカットキーでコピーする

◎文字列や画像をコピーする

❶ コピーしたい部分を選択して [Ctrl] + [C] キー

❷ [Ctrl] + [V] キーで貼り付け

◎テキストのみをコピーする

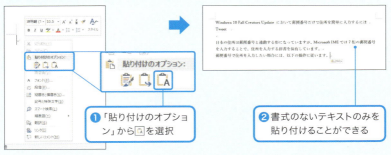

❶「貼り付けのオプション」から🅰を選択

❷ 書式のないテキストのみを貼り付けることができる

◎「書式」をコピーする

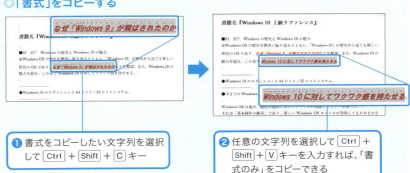

❶ 書式をコピーしたい文字列を選択して [Ctrl] + [Shift] + [C] キー

❷ 任意の文字列を選択して [Ctrl] + [Shift] + [V] キーを入力すれば、「書式のみ」をコピーできる

081

習慣 035 [Word]

Wordに画面キャプチャを一発で貼り付ける

デスクトップ画面を切り取って貼り付ける

「デスクトップ画面を任意に切り取ってWordに貼り付けたい」という場合にも、ショートカットキーが大活躍します。

デスクトップ画面の切り取りは、ショートカットキー ⊞ + Shift + S キーを入力します。画面が白濁するので、マウスで切り取りたい任意の領域をドラッグします（白濁後、作業をやり直したい場合は Esc キー）。これで、カットバッファーに領域選択した画面が画像として保存されます（デスクトップの見た目に変化はありません）。

その後、Wordの任意の挿入位置でショートカットキー Ctrl + V キーを入力すれば、先に切り取ったデスクトップ画面を「画像」として文書内に貼り付けることができます。

任意のウィンドウをキャプチャする

デスクトップの切り取りではなく、任意のウィンドウを画像として取得したい場合には、該当ウィンドウを表示している状態でショートカットキー Alt + Print Screen キーを入力します（デスクトップの見た目に変化はありません）。その後、Wordの任意の挿入位置で Ctrl + V キーを入力すれば、先に指定した任意のウィンドウ画像を貼り付けることができます。また、単にデスクトップで Print Screen キーを押せば、「デスクトップ全域」を画像として取得することも可能です。

➡ 画面をキャプチャしてWordに貼り付ける

◎デスクトップを切り取ってキャプチャする

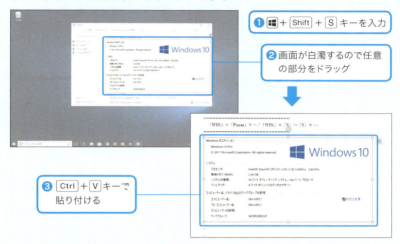

❶ ⊞ + Shift + S キーを入力

❷ 画面が白濁するので任意の部分をドラッグ

❸ Ctrl + V キーで貼り付ける

◎任意のウィンドウをキャプチャする

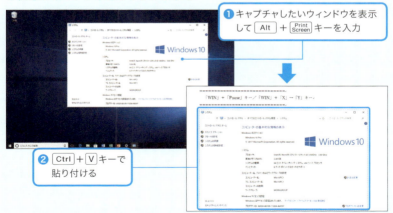

❶ キャプチャしたいウィンドウを表示して Alt + Print Screen キーを入力

❷ Ctrl + V キーで貼り付ける

デスクトップの任意領域をキャプチャしたい場合には、ショートカットキー ⊞ + Shift + S キーを入力。任意のウィンドウ画面をキャプチャしたい場合には、 Alt + Print Screen キーを入力。どちらもカットバッファーに画像として保存されるので、あとは文書上で Ctrl + V キーを入力して貼り付ければよい。

習慣 036 [Word]

Wordの「移動したい位置」に一発で移動する

文書内のカーソル移動はキーボードが便利！

Wordで複数ページにわたる文書の編集作業を行っている場合、カーソルキーを連打して位置移動するのは手間がかかりますが、ショートカットキーを活用すれば任意の位置に一発移動できます。

例えば、ショートカットキー Ctrl + Home キーを入力すれば文書の「先頭」に、Ctrl + End キーを入力すれば文書の「末尾」に一発で移動できます。また、Ctrl + Page Up キー／ Ctrl + Page Down キーで、前ページ／次ページに移動することが可能です。さらに、Ctrl + G キーを入力すれば、移動先のページ番号を指定してピンポイントでページ移動することができます。

文章を編集する際に案外役立つのが、「単語単位」の移動です。Ctrl + ← キー／ Ctrl + → キーを入力すれば、単語単位でカーソルを移動できます。日本語は文字列が複雑なので、きちんと単語単位で移動するとは限らないのですが（助詞を必要以上に判別してしまう）、単語選択の際には重宝する機能です。また、行頭／行末に移動したい場合には Home キー／ End キー、段落頭／次段落に移動したい場合には Ctrl + ↑ キー／ Ctrl + ↓ キーを入力すればOKです。

これらカーソル移動のショートカットキーを覚えておくと、合わせ技で簡単に「文字列の選択」も行えます。例えば、Ctrl + ↑ キーで段落先頭に移動後、Shift キーを交えて Ctrl + ↓ キー（次段落に移動）を選択すれば、「段落の文字列を丸ごと選択」することができます。このように各種

084

カーソル移動のショートカットキーに Shift キーを交えると、素早く任意の文字列の範囲選択を行えるので便利です。

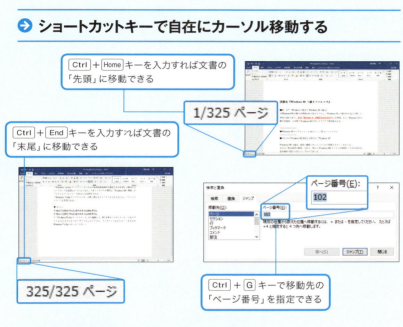

◎カーソル移動に役立つ主なショートカットキー

カーソル移動位置	ショートカットキー
文書の先頭へ移動	Ctrl + Home キー
文書の末尾へ移動	Ctrl + End キー
単語単位で移動	Ctrl + ← キー／ Ctrl + → キー
ページを指定して移動	Ctrl + G キー
前ページへ移動	Ctrl + Page Up キー
次ページへ移動	Ctrl + Page Down キー
段落先頭へ移動	Ctrl + ↑ キー
次段落先頭（現段落末）へ移動	Ctrl + ↓ キー
行頭へ移動	Home キー
行末へ移動	End キー

習慣 **037** ［Word］

文字の大きさや書式を
キーボードで一発変更する

文字のサイズ変更や装飾もショートカットキーで！

　フォントサイズ（文字列の大きさ）の指定や、文字列の装飾（ボールド／イタリック／アンダーラインなど）を行いたいときは、該当の文字列を選択してから、リボンコマンドやミニツールバーを用いるのが基本です。しかし、主だった装飾には独自のショートカットキーが割り当てられているため、キーボードで作業する習慣をつけましょう。

●フォントサイズの変更

　文字を選択後、Ctrl + Shift + > キー／ Ctrl + Shift + < キーを入力すれば、フォントサイズを段階的に変更できます。ちなみに、Ctrl +] キー／ Ctrl + [キーであれば、1ポイントずつフォントサイズの大小を調整することも可能です。

●文字の装飾

　文字を選択後、ボールド（Bold：太字）は Ctrl + B キー、イタリック（Italic：斜体）は Ctrl + I キー、アンダーライン（Underline：下線）は Ctrl + U キーを入力すれば、一発で文字を装飾できます。

　また、Ctrl + D キーを入力すれば、「フォント」ダイアログを表示して、様々な文字装飾を一括で指定することも可能です。ちなみに設定した文字装飾が「やっぱり気に入らない」という場合は、Ctrl + space キーで書式設定をリセットすることができます。

➡ 文字サイズや書式をショートカットキーで設定する

書籍名『Windows 10 上級リファレンス』

■01 匠!! Windows の歴史と Windows 10 の魅力

Ctrl + Shift + > キー ／ Ctrl + Shift + < キーで文字の大きさを変更できる

Ctrl + B キーでボールド（太字）

○Windows 8 の不評の中で登場した「Windows 10」。
一度決めた「ポリシー」は、簡単に曲げるべきではない。
しかし「過ち」は認めるべきだ。使いにくい部分は、やはり使いや
そしてユーザーからの意見というのはやはり大切だ。ユーザーか

Ctrl + I キーでイタリック（斜体）

○Windows 8 の不評の中で登場した「Windows 10」。
一度決めた「ポリシー」は、簡単に曲げるべきではない。
しかし「過ち」は認めるべきだ。使いにくい部分は、やはり使いや
そしてユーザーからの意見というのはやはり大切だ。ユーザーか

Ctrl + U キーでアンダーライン（下線）

◎主なショートカットキー

●フォントサイズの変更

大きくする	Ctrl + Shift + > キー
	Ctrl +] キー（1 ポイント単位）
小さくする	Ctrl + Shift + < キー
	Ctrl + [キー（1 ポイント単位）

●文字の装飾

ボールド（太字）	Ctrl + B キー
イタリック（斜体）	Ctrl + I キー
アンダーライン（下線）	Ctrl + U キー
二重アンダーライン	Ctrl + Shift + D キー
空白以外アンダーライン※	Ctrl + Shift + W キー

※欧文などのスペースを除くアンダーライン

●その他の操作

| フォントの詳細設定 | Ctrl + D キー |
| 設定した書式の解除 | Ctrl + space キー |

087

習慣 038 ［Word］

大文字・小文字や文字揃えを
キーボードで一発変更する

▌「大文字・小文字」を一発変更！

スペルの大文字／小文字の調整もショートカットキーで済ませる習慣をつけましょう。文字列選択ののち、Shift ＋ F3 キーを入力すれば、「WORD ＆ EXCEL」→「word ＆ excel」→「Word ＆ Excel」のように、大文字／小文字／先頭大文字をサイクル的に変更できます。すべてを一発で大文字にしたい場合は、Ctrl ＋ Shift ＋ A キーを入力すればOK です。

▌「文字揃え」もキーボード一発で！

段落における文字の配置（文字揃え）も、ショートカットキーで一発指定が可能です。両端揃え（Justify）は Ctrl ＋ J キー、左揃え（align Left）は Ctrl ＋ L キー、右揃え（align Right）は Ctrl ＋ R キー、中央揃え（cEnter）は Ctrl ＋ E キー、そして均等割り付けは Ctrl ＋ Shift ＋ J キー（スペルとしては「distributed」だが、「Justify」の応用操作になるため J ）になります。

あまり意識していないかもしれませんが、一般的な文章は「両端揃え」になっています。

これは「左揃え」と比較してみればわかるのですが、実はWordは文字と文字の間の「字間」を調整して、行末で文字が揃うように調整しているのです（欧文が入る場合、文字と文字の間がやたら開いてしまうことがありますが、これは「両端揃え」を適用しているためです）。

088

➔ 大文字・小文字や文字揃えを指定する

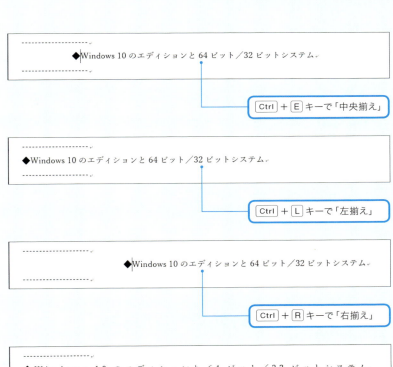

習慣 039 [Word]
長い文書には「ページ番号」を付加する

文書に「ページ番号」を挿入する

　ボリュームのあるWord文書には「ページ番号」を付加する習慣をつけましょう。プリントアウトした紙がバラバラになったときなどに、「ページ番号」があれば整理しやすくなりますし、他人と共同作業するときも、「何ページを見て下さい」というように指示しやすくなります。
　ページ番号は、「挿入」タブの「ヘッダーとフッター」内、「ページ番号」をクリックして、メニューから任意の挿入位置とスタイルを選択することで挿入できます。
　ちなみに「ヘッダー」とは文書の上部領域、「フッター」とは文書の下部領域のことで、このヘッダー＆フッターには、ページ番号だけでなく、各種ドキュメント情報（タイトル／ファイル名／作成者など）、文字列や画像などを自由に配置することができます。

フッターに作成者情報などを付加する

　フッターに各種ドキュメント情報を付加したい場合は、「挿入」タブの「ヘッダーとフッター」内、「フッター」をクリックして、メニューから「フッターの編集」を選択します。「デザイン」タブが表示され、任意の文字列や画像、ページ番号などを付加することができます。ビジネス書類ならば、「日付」「作成者」「タイトル」「会社ロゴ」などを任意に挿入してもよいでしょう。

→ 長文に「ページ番号」を付加する

◎ページ番号の挿入

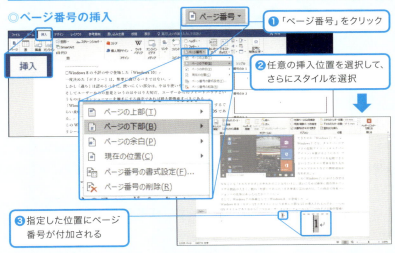

◎フッターの編集

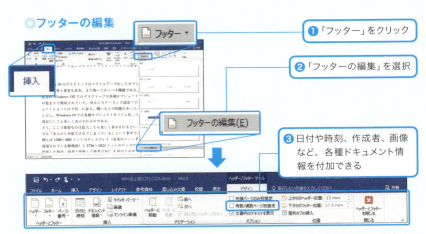

詳細なフッター情報を付加したい場合は、「フッターの編集」（ヘッダーを編集したい場合は「ヘッダーの編集」）を選択すれば、日付や時刻、作成者、画像などをフッターに配置できる。なお、「奇数/偶数ページ別指定」をチェックすれば、奇数ページ/偶数ページのヘッダーとフッターに個別の情報を埋め込むことも可能だ。

習慣 040 [Word]

読みが難しい漢字に「ルビ」をつける

ふりがなを駆使して読みやすい文章にする

　地名や人名などの固有名詞で、やや読みが難しい漢字や特殊な読み方をする単語には「ルビ」（ふりがな）をふっておきましょう。人に渡す書類などでは、そのほうが喜ばれます。

　ルビふり（ふりがなの付加）を行うには、任意の文字列を選択したのち、「ホーム」タブの「フォント」内、「ルビ」をクリックします（あるいはショートカットキー Alt ＋ H → F → R キーを入力します）。対象文字列に対する「ルビ」を指定できるので、いわゆる「ふりがな」を入力します。必要に応じてルビの配置や文字からの距離、フォント種類やフォントサイズも変更可能です。

漢字だけでなく「英語」にもルビふり可能

　漢字だけでなく、英単語にもルビふりが可能です。

　筆者の場合、IT関連をテーマに執筆することが多いために、時に読みづらい英語を記載することがあります（「Surface（サーフェス）」「APP（アップ）」「WYSIWYG（ウィジウィグ）」など）。

　「自分が読めるから相手も読める」とは限りません。また、英単語は特殊な読み方のものや造語に近いものも存在するため、時に相手への配慮として「英単語へのルビふり」も大切になります。

➡ 難しい漢字や英語に「ルビ」をふる

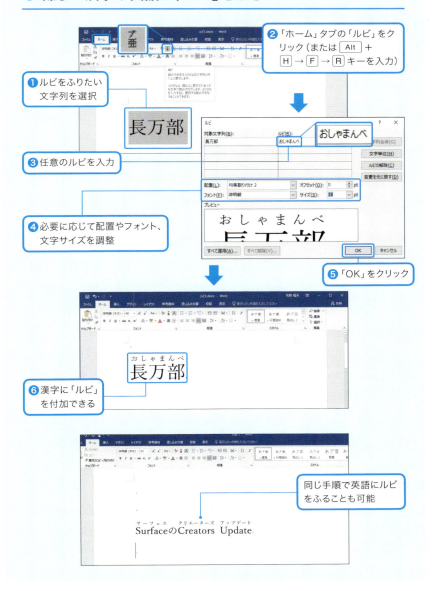

📅 習慣 # 041 [Word]

文章を機械的に「校正」する

文章の校正はWordにお任せ！

　筆者は「IT作家」という職業柄、日々様々な文章を執筆していますが、長文を入力していると誤字脱字や表記の揺れ、あるいは文体の揺れ（ですます調・である調）などの間違いが起こりがちなので、「文章の校閲」が欠かせません。

　とはいえ、自分で文章を読んで校閲を行うのは限界があり、かつ自身が書いた文章ほど「誤字」「脱字」「誤変換」などのミス、また「あいまいな表現」「二重否定」「助詞の連続」などの読みにくい表現を見落としがちです。実はWordには「文章校正」機能が備わっているので、これを利用して文章を書き終えたあとは「校閲する」という習慣をつけましょう。

　文章校正を行う際は、まず「何をチェックするか」を設定します。具体的には、「ファイル」タブから「オプション」を選択して、「Wordのオプション」内の「文章校正」から「文章のスタイル」にある「設定」ボタンをクリックします。その後「文章校正の詳細設定」の「オプション」欄で、校正時に確認したい項目をチェックします。「誤りのチェック」欄は基本的にすべて有効にするようにして、「表記の揺れ」欄や「表記の基準」欄の「文体」なども必要に応じて選択します。

　設定を終えたら、「校閲」タブの「スペルチェックと文章校正」をクリックして（あるいは F7 キー）、任意の文章に対して文章校正を実行します。誤りである可能性がある個所が示されるので、あとは指摘内容を確認し、必要に応じて文章を修正していきます。

➡ Wordの「文章校正」機能を利用する

Wordには「文章校正」機能が備わっており、文章の誤りを指摘してくれる。指摘内容を確認して、必要に応じて修正を行えばよい。

習慣 **042** ［Excel］

ショートカットキーで
素早くセルを「移動」する

Excelの「セル移動」を自由に操る

　上下左右のセル移動は「上下左右カーソルキー」か、Enter キーで下／
Shift ＋ Enter キーで上／ Tab キーで右／ Shift ＋ Tab キーで左に移動で
きます（この操作は Scroll Lock 時にも有効です）。

　しかし大きな表を扱っている場合、これらのキーを連打して「セル移動」
するのは大変なので、任意のセルに一発で移動できるショートカットキー
を利用する習慣をつけましょう。

●データ入力範囲の四隅に移動する

　まず、データ入力範囲の四隅に素早く移動したい場合には、Ctrl ＋カー
ソルキーを入力します。例えば Ctrl ＋ ↓ キーを入力すれば、データ入力
範囲の末尾行、Ctrl ＋ → キーを入力すれば、データ入力範囲の末尾列に
移動できます（Ctrl ＋カーソルキーは、「余白の手前のセルに移動する」と
いう特性があります）。

●ワークシートの先頭・末尾に移動する

　Ctrl ＋ Home キーを入力すればワークシートの先頭に、Ctrl ＋ End
キーを入力すればワークシートの末尾に移動できます。

　ただし、Ctrl ＋ End キーは「（現在空白でも）使用履歴のあるセル」も
認識してしまうため、単純な表であれば Ctrl ＋ ↓ → Ctrl ＋ → キーで
移動してもよいでしょう。

096

キーボードで自在にセルを「移動」する

◎シンプルなセル移動

	A	B	C	D	E
1	A1	B1	C1	D1	E1
2	A2	B2	C2	D2	E2
3	A3	B3	C3	D3	E3
4	A4	B4	C4	D4	E4
5	A5	B5	C5	D5	E5

「C1」セルを起点に各種ショートカットキーを入力すると、下表のようにセル移動できる。小さな表ではあまり恩恵を感じないかもしれないが、大きな表では絶大な効果を発揮する。

ショートカットキー	「C1」セルからの移動先	概要
Ctrl + ↑ キー	「C1」セル	データ入力範囲の「先頭行」に移動
Ctrl + ↓ キー	「C5」セル	データ入力範囲の「末尾行」に移動
Ctrl + → キー	「E1」セル	データ入力範囲の「末尾列」に移動
Ctrl + ← キー	「A1」セル	データ入力範囲の「先頭列」に移動
Ctrl + Home キー	「A1」セル	ワークシートの「先頭」に移動
Ctrl + End キー	「E5」セル	ワークシートの「末尾」に移動

◎空白セルがある場合のセル移動

	A	B	C	D	E
1	A1	B1	C1		E1
2	A2	B2	C2		E2
3	A3	B3	C3		E3
4					
5	A5	B5	C5		E5

「A1」セルを起点に各種ショートカットキーを入力すると下表のように移動する。「空白セル」の存在がポイントだ。

ショートカットキー	「A1」セルからの移動先	概要
Ctrl + → キー	「C1」セル	空白セルの1つ前の列に移動
Ctrl + → キー×2回	「E1」セル	空白セルの1つ後の列に移動
Ctrl + ↓ キー	「A3」セル	空白セルの1つ前の行に移動
Ctrl + ↓ キー×2回	「A5」セル	空白セルの1つ後の行に移動
Ctrl + Home キー	「A1」セル	ワークシートの「先頭」に移動
Ctrl + End キー	「E5」セル	ワークシートの「末尾」に移動

◎ Ctrl + End キーのセル移動を正常化する

編集履歴のあるセルを削除する

Ctrl + End キーは、編集履歴を含めた末尾に移動してしまう。罫線セルの範囲外に移動してしまう場合は、「空白行／空白列」を削除したのちに上書き保存すると、正常な「末尾」位置を示すようになる。

習慣 043 [Excel]

ショートカットキーで素早くセルを「選択」する

セルの範囲選択方法を極める

Excelでセルを選択する場合は、マウスドラッグで範囲選択するのが一般的です。しかし、ショートカットキーを交えれば、より効率的にセルを選択できます。まず、Ctrl＋クリック／Ctrl＋ドラッグで、「離れたセル」を選択することが可能です。

また、まとまったセルの範囲選択は、Shiftキーを交えます。単純に「隣接したセル」を選択したい場合はShift＋カーソルキーでOKですし、P.96で解説した「セル移動のショートカットキー」と組み合わせれば、一気にセルを選択できます。

例えばCtrl＋Homeキーはワークシートの「先頭」に移動するショートカットキーですが、任意のセルに移動後にShift＋Ctrl＋Homeキーを入力すれば、「指定したセルから先頭セルまで」を一気に範囲選択することができます。

行や列を選択する

「行や列」を選択する場合も、通常は「行番号」または「列番号」をクリックすればよいですが（Ctrl＋クリック／Ctrl＋ドラッグで離れた行や列も選択可能）、こちらもショートカットキーで行うことが可能です。任意のセルを選択後、Shift＋spaceキーで「行全体」、Ctrl＋spaceキーで「列全体」を選択することが可能です。

キーボードで自在にセルを「選択」する

◎セルの選択

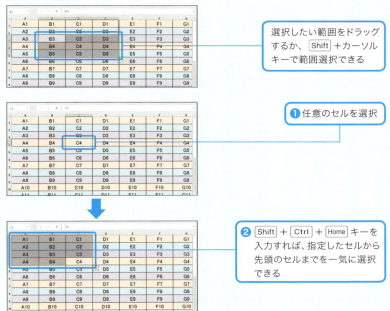

選択したい範囲をドラッグするか、Shift＋カーソルキーで範囲選択できる

❶任意のセルを選択

❷ Shift ＋ Ctrl ＋ Home キーを入力すれば、指定したセルから先頭のセルまでを一気に選択できる

セルの選択はマウスドラッグでもよいが、Shift ＋カーソルキーでも選択できる。P.96で紹介した「移動」のショートカットキーに Shift キーを交えれば、一気に範囲選択することも可能。

◎行や列の選択

❶任意のセルを選択後、Shift ＋ space キーで「行全体」を選択できる

行や列を選択する場合は、「行番号」または「列番号」をクリックするか、任意のセルを選択後に Shift ＋ space キーを入力すれば「行全体」、Ctrl ＋ space キーを入力すれば「列全体」を選択できる。

習慣 044 [Excel]

「行」や「列」を
一発で挿入・削除する

▍ 行挿入と列挿入を手早く確実に行う

　行や列を挿入・削除したい場合には、任意のセル、または行や列を右クリックして、ショートカットメニューから「挿入」や「削除」を選択するのが一般的です。

　しかし、いちいち右クリックから操作するのは時間の無駄なので、ショートカットキーで素早く挿入／削除する習慣をつけましょう

●行や列の挿入

　任意のセルを選択後、 Ctrl ＋ Shift ＋ ; （セミコロン）キーを入力すると、挿入ダイアログが表示されるので、そこから行や列を挿入することができます（キーボードにテンキーがある場合は、 Ctrl ＋ ＋ （プラス）キーでも同様の操作を行えます）。ちなみに行選択／列選択後にこのショートカットキーを入力すれば、ダイアログで設定することなく、選択した行数／列数ぶんを一発で挿入することができます。

●行や列の削除

　行や列を削除したい場合は、任意のセル、または行や列を選択後、ショートカットキー Ctrl ＋ - （マイナス）キーを入力します。ダイアログ表示から任意に削除、あるいはあらかじめ選択した行／列を削除することができます。

ショートカットキーで行や列を挿入・削除する

◎行の挿入

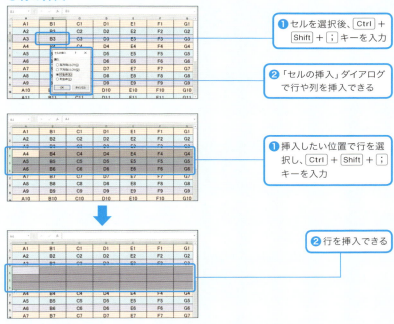

行や列の挿入は、挿入したい位置で Ctrl + Shift + ; キーを入力すればよい。

◎行の削除

行や列の削除は、削除したい行や列を選択し、Ctrl + - キーを入力すればよい。

習慣 045 [Excel]

Excelのセルで勝手な 「文字変換」をさせない

Excelの「余計なお世話」はなぜ起こる?

セルに文字入力していると、思ってもみない表示になってしまうことがあります。例えば、セル内に全角で「＄１２３４」と入力すると、「$1,234」のように、勝手に半角やカンマ入りの数値に変換してしまいます。

これは、セルの「書式設定」は初期状態では「標準」が適用されており、入力された文字列に従って表示形式を変更してしまうためです。つまり、「『＄１２３４』なら通貨ドルだろう」と勝手に判断して、「通貨」としての数値「$1,234（1234ドル）」に変換してしまうわけです。

Excelは基本的に「表計算ソフト」であり、「数値を扱うこと」を前提にしています。よって、このような変換が行われるわけです。

もちろん便利な機能ではあるのですが、時には「入力した通りに表示してくれ!」と思うこともあるでしょう。

書式設定を「文字列」に変更する

「セルの表示がおかしい」と思ったら、即座に Ctrl + 1 キーを入力する習慣をつけましょう。すると、「セルの書式」ダイアログが開きます。「表示形式」タブで任意の分類を選択できるので、「勝手に変換してほしくない」という場合は「文字列」を選択します。「文字列」を指定したセルに入力した内容は、文字通り「文字列」として扱われるため、以後は「自身が入力した通り」に表示することができます。

➡ Excelの勝手な文字変換を防ぐ

◎勝手な入力文字列変換はExcelの配慮

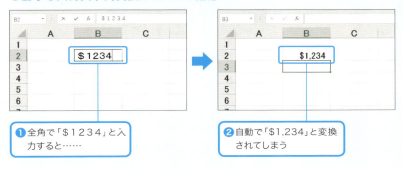

❶全角で「＄１２３４」と入力すると……

❷自動で「$1,234」と変換されてしまう

◎「入力した通り」に表示する

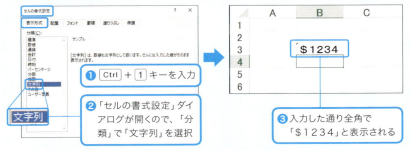

❶ Ctrl + 1 キーを入力

❷「セルの書式設定」ダイアログが開くので、「分類」で「文字列」を選択

❸入力した通り全角で「＄１２３４」と表示される

セルを選択後、表示形式を「文字列」にすれば、勝手な変換は行われず、以後入力した通りに表示される。

◎表示形式変更のショートカットキー

表示形式	ショートカットキー
標準	Ctrl + Shift + ^ キー
通貨	Ctrl + Shift + $ キー
パーセンテージ	Ctrl + Shift + % キー
日付	Ctrl + Shift + # キー

一部の表示形式（分類）には、あらかじめ表のようなショートカットキーも割り当てられている。

103

習慣 046 ［Excel］

文字の配置や書式を整えて見やすい帳票を作る

セル内での配置を整える

Excelで請求書など各種帳票を作成する機会も多いと思いますが、セル内での文字の配置を整えると、劇的に見やすくなります。そこで、帳票作りの原則を覚えておきましょう。

一般的な帳票では、縦位置は基本的に「上下中央揃え」にしましょう。また横位置は、見出しは「中央揃え」、各項目は「左揃え」、数値は「右揃え」にするのが基本です。

対象セルを選択したうえで、「ホーム」タブの「配置」から、各項目の配置を任意に設定できます。または、ショートカットキー Ctrl ＋ 1 キーを入力して「セルの書式」ダイアログを開き、「配置」タブから任意に指定することも可能です。

フォントを見やすく整える

セル内の文字を見やすくするためには、「フォント」にも注意を払います。フォントを変更したいセルを選択し、ショートカットキー Ctrl ＋ Shift ＋ F キーを入力すると、「セルの書式設定」ダイアログの「フォント」タブが開きます。この画面で、フォントやフォントサイズや文字の色などを指定することができます。

見出しは強めのフォントにしてサイズを大きくするなど、体裁を整えるとよいでしょう。

➡ 見やすい帳票を作成する

◎ セル内で「文字の配置」を整える

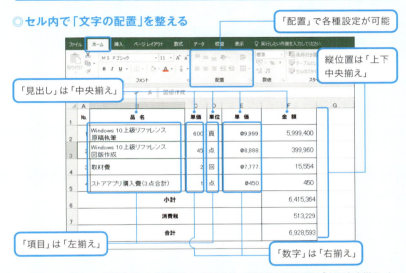

セル内での配置はまず「横位置」と「縦位置」に注目する。基本的に縦位置は「上下中央揃え」とし、横位置は見出しを「中央揃え」、文字列を「左揃え」、数値を「右揃え」にする。その他、「文字の折り返し」や「フォントの結合」(P.106) なども適宜利用すると、さらに見やすくなる。

◎ フォントを見やすく調整する

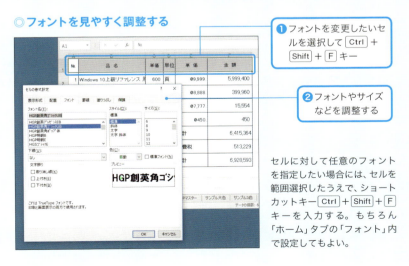

❶ フォントを変更したいセルを選択して Ctrl + Shift + F キー

❷ フォントやサイズなどを調整する

セルに対して任意のフォントを指定したい場合には、セルを範囲選択したうえで、ショートカットキー Ctrl + Shift + F キーを入力する。もちろん「ホーム」タブの「フォント」内で設定してもよい。

習慣 047 ［Excel］

「セル内に文字が収まらない」を スッキリ解消する

■「改行」「折り返し」「結合」を利用する

　セル内の文字数が多いと、文字が途切れて表示されたり、隣のセルまでダラダラと文字が表示されたりします。そんなときは、「改行」「折り返し」「セルの結合」を行って表示を整えましょう。

●セル内での「改行」
　改行したい文字位置でショートカットキー Alt ＋ Enter キーを入力すれば、セル内で改行することができます。長文をセルに収めることはもちろん、改行位置を調整してより見やすくすることができます。

●文字の「折り返し」
　セルを選択後、ショートカットキー Ctrl ＋ 1 キーを入力して「セルの書式設定」ダイアログを開き、「配置」タブで「折り返して全体を表示する」を選択すれば、セル内で文字が折り返して表示されます。

●セルの「結合」
　文字列がセル内に収めきれない場合に、複数のセルを「結合」して1つにまとめれば、文字列を配置できるエリアを拡大できます。また、セルをまたいで「中央に文字列を配置したい」という場合などにも役立ちます。
　セルを結合したい場合には、結合したいセルを選択したのち「セルの書式設定」ダイアログの「配置」タブで「セルを結合する」を選択します。

➔ セル内の「改行」「折り返し」、セルの「結合」

◎ セル内の「改行」

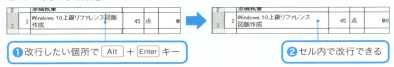

◎ セル内の「折り返し」

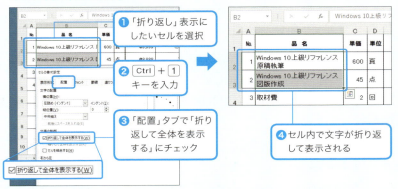

◎ セルの「結合」

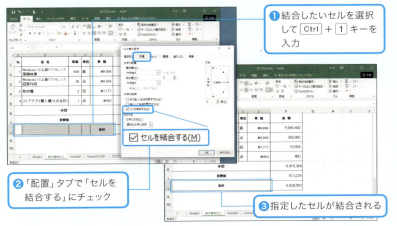

習慣 048 [Excel]

面倒くさいシート管理を
ショートカットキーで済ませる

シート管理に役立つショートカットキー

　Excelでは、1つのブックの中で複数のワークシート（シート）を管理することが可能です。シートが増えてきたら、各シートに「名前」「色分け」を行うなど、各シートを判別＆区別しやすくするとシートが扱いやすくなります。このようなシート管理に必要な操作も、ショートカットキーを利用する習慣をつけましょう。

●シート名の変更と「色」の設定
　シート名の変更は、シートタブのダブルクリックまたは右クリックから行えますが、ショートカットキー Alt ＋ H → O → R キーからのほうが便利です。また、 Alt ＋ H → O → T キーで、シートタブに任意の色を割り当てることができます。

●シートの移動／作成／コピー
　素早くシート表示を切り替えたい場合は、 Ctrl ＋ Page Up キーで左側のシートに移動、 Ctrl ＋ Page Down キーで右側のシートに移動できます。また、新しいシートを追加（作成）したい場合には、ショートカットキー Shift ＋ F11 キーを入力すればOKです。ちなみに、任意のシートをコピーしたい場合には、ショートカットキー Alt ＋ H → O → M キーからでも行えますが、こちらはマウス操作のほうが素早く、任意のシートタブを Ctrl ＋ドラッグすればシートのコピーを新しいタブで作成できます。

➡ シートをショートカットキーで管理する

◎シート名の変更／シートタブに色付け

❶シート名を変更したいシート上で Alt + H → O → R キー

❷シート名が変更可能になる

❸任意のシート名を入力

シートは「Sheet1」「Sheet2」などのデフォルトの名前のままではなく、「作業名」や「分類名」などのわかりやすい名前を付けたほうが管理しやすい。

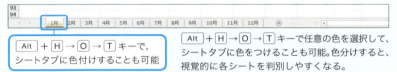

Alt + H → O → T キーで、シートタブに色付けすることも可能

Alt + H → O → T キーで任意の色を選択して、シートタブに色をつけることも可能。色分けすると、視覚的に各シートを判別しやすくなる。

◎表示シートの移動

Ctrl + Page Up キーで左側のシートに移動

Ctrl + Page Down キーで右側のシートに移動

表示シートを素早く移動したければ Ctrl + Page Up キー／ Ctrl + Page Down キーが便利。次々と表示を切り替えられるので、シート数が多ければ多いほどショートカットキーの利点が出る。

◎シートのコピー

❶コピーしたいシートを選択して Ctrl +ドロップ

❷シートを一発でコピーできる

シートのコピーはショートカットキー Alt + H → O → M キーからでも行えるが、シートタブをマウスで Ctrl +ドロップのほうが断然速い。

習慣 049 [Excel]

日付や時刻を一発で入力する

　セルに任意の文字列や数値を入力したい場合は、F2 キーを押すと、即座にセルを編集することができます。マウスでセルをクリックするより断然速いので、「セルの編集は F2 キー」と覚えておきましょう。

　また、セルに日付や時刻を入力したい場合には、ショートカットキー Ctrl + ; (セミコロン) キーを入力すると「今日の日付」を、ショートカットキー Ctrl + : (コロン) キーを入力すると「現在の時刻」を一発で入力できます。

➡ セルの編集と「日付」「時刻」の入力

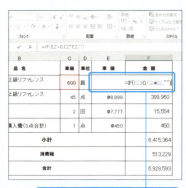

編集したいセルで F2 キーを押すと、セルの編集が可能になる

セルを編集したいときは F2 キーで簡単に文字列や関数を入力できる。

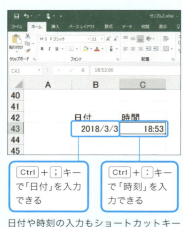

Ctrl + ; キーで「日付」を入力できる

Ctrl + : キーで「時刻」を入力できる

日付や時刻の入力もショートカットキー一発で行える。「日付」なら Ctrl + ; キー、「時刻」なら Ctrl + : キーだ。

習慣 050 [Excel]

セルの文字入力を一瞬で済ませる

Excelで「同じ文字列を入力する」という場合に便利なのが「自動入力候補表示」です。ショートカットキー Alt + ↓ キーを入力すれば、今まで入力したことがある履歴がドロップダウン表示され、任意の候補を選択するだけで入力できます。

また、任意にセルを範囲選択して文字入力したのち、ショートカットキー Ctrl + Enter キーを入力すれば、同じ文字列を一括入力することも可能です。さらに、あらかじめ入力済みのセルを起点として範囲選択後、 Ctrl + D キーを入力すれば下選択範囲に、 Ctrl + R キーを入力すれば右選択範囲に同じ文字列をコピーできます。

➡ 文字入力の無駄を省いて高速化する

セルで Alt + ↓ キーを入力すれば、入力履歴がドロップダウン表示される

家計簿の作成など、同じ項目を何度も入力する必要がある場合は、 Alt + ↓ キーで「自動入力候補」を表示すると便利だ。

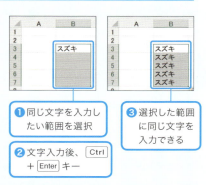

❶同じ文字を入力したい範囲を選択

❷文字入力後、 Ctrl + Enter キー

❸選択した範囲に同じ文字を入力できる

同じ内容を複数のセルに一括入力したい場合には、セルを範囲選択したのちに文字入力して Ctrl + Enter キーが便利だ。

習慣 051 [Excel]

関数の入力を
一瞬で済ませる

関数の入力や検索もラクラク！

　Excelで、様々な関数を活用する機会も多いことでしょう。関数を素早く入力したい場合には、ショートカットキー Shift ＋ F3 キーを入力します。「関数の挿入」ダイアログが表示され、一覧から任意の関数名を選択して入力することができるようになります。

　ちなみに「関数の挿入」ダイアログでは、関数の検索も可能です。例えば消費税の計算は小数点以下を「切り捨て」する必要がありますが、ダイアログの「関数の検索」欄に「切り捨て」と入力すれば、関数として「ROUNDDOWN」であることが示され、ウィザードで簡単に引数を入力できます。

　ちょっと変わった関数入力方法として、ショートカットキー Ctrl ＋ Shift ＋ A キーがあります。例えば関数入力時に「=IF」と入力した後、「『IF』の引数はどう書くんだっけ？」というときに、Ctrl ＋ Shift ＋ A キーを入力すれば、該当関数の記述方法をアシストしてもらえます。

「数値の合計」もショートカットキーで！

　Excelで利用する場面が多いのが数値を合計する「SUM関数」ですが、数字が並んだセルの直後に合計値が欲しい場合には、いちいち「=SUM……」と入力しなくても、Shift ＋ Alt ＋ = キーでSUM関数を引数付きで一発入力できます。

➡ 関数を手軽に入力する

◎「関数の挿入」ダイアログを表示する

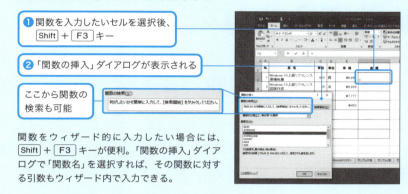

❶ 関数を入力したいセルを選択後、Shift + F3 キー

❷「関数の挿入」ダイアログが表示される

ここから関数の検索も可能

関数をウィザード的に入力したい場合には、Shift + F3 キーが便利。「関数の挿入」ダイアログで「関数名」を選択すれば、その関数に対する引数もウィザード内で入力できる。

◎「関数入力アシスト」を利用する

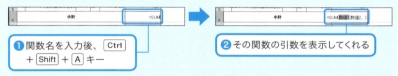

❶ 関数名を入力後、Ctrl + Shift + A キー

❷ その関数の引数を表示してくれる

セルに「=SUM」や「=IF」などと関数を入力後、Ctrl + Shift + A キーを入力すれば、引数の例をその場で示してくれる。

◎ 簡単に合計値を計算する

❶ 合計値を示したいセルで、Shift + Alt + = キー

❷ 合計値を一発で算出できる

サクッと合計値を表示したい場合には、Shift + Alt + = キーだ。Excelの思う範囲で「SUM関数」を入力してくれる。もちろん、セルの範囲は任意指定することも可能だ。

習慣 052 [Excel]

曜日や連番を自動で入力する

「フィルハンドル」を利用して連続入力する

Excelでは「曜日」「連番」を連続入力する機会がありますが、これらを手入力するのは面倒です。Excelはかなり賢く、**「フィルハンドル」を活用すれば「次に何が来るか」を予測して自動入力を行うことができます。**

フィルハンドルとは、アクティブなセルの右下に表示される小さな四角マークのことです。

例えば、**セルに「月曜日」と入力後、フィルハンドルを下にドロップすれば、「火曜日、水曜日……」と、曜日を自動入力できます。**

連番の入力も同様です。**「1、2」と入力されたセルを選択してフィルハンドルをドラッグすれば「1、2、3、4、5…」と自動入力されますし、「1、3」と入力されたセルを選択してドラッグすれば、「1、3、5、7、9……」と自動入力できます。**

曜日や連番だけでなく、「日付」なども同様に入力可能なので、**何らかの連続入力が必要な場合は「フィルハンドル」を活用する習慣**をつけましょう。

「数式」のコピーも可能

フィルハンドルが最も活躍するのが「数式」のコピーです。**任意の関数を利用した数式をセルに入力後、同じ数式を連続して利用したい場合には、フィルハンドル操作で連続入力が行えます。**

→ フィルハンドルで曜日や連番を自動入力する

◎曜日の連続入力

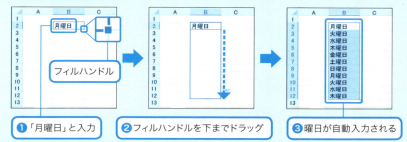

曜日や日付などは、フィルハンドルで自動入力したほうが圧倒的に早い。

◎数値の連続入力

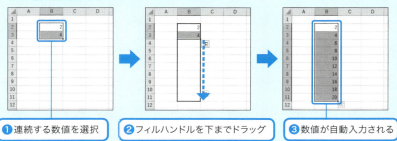

「2」「4」と入力されたセルを選択してフィルハンドルをドラッグすれば、規則性に従って「2、4、6、8」と連続入力できる。

◎数式のコピー

フィルハンドルでは数式も連続入力できる。規則性がある数式であれば、フィルハンドルでコピーすることで大幅に作業を短縮できる。

> Chapter 4

文字入力の
無駄をゼロにする
16の習慣

習慣 053

変換ミスで
いちいち入力し直さない

▎日本語変換ミスはショートカットキーで取り戻す

　文章を入力していると、時々変換ミスを犯すことがあります。例えば、本当は「解説」と入力したかったのに「開設」で確定してしまったり……。このような変換ミスを犯してしまったら「ミスした文字をいったん削除して入力し直し」というのが一般的ですが、いちいち再入力するのは面倒です。特に筆者のように1日中文章を書いているような人間は、毎回入力し直していると膨大な手間が発生してしまいます。

　そこで役立つのが「確定取消」操作です。**文字列を確定した直後であれば、ショートカットキー Ctrl + Back Space キーを入力すれば、間違えて確定してしまった入力文字列をキャンセルして再変換することができます。**

　「変換確定を間違えた!」と思ったら、即座に Ctrl + Back Space キーを入力する習慣をつけて下さい。文字入力にかかる時間を飛躍的に短縮できます。

▎完全確定している文字列を再変換する

　確定直後だけでなく、**完全に確定した文字列（コピーした文字列など）も再変換が可能**です。

　やり方は簡単で、**変換したい文字列を Shift +カーソルキーなどで選択後、 変換 キーを押すだけ**です。

　なお、このテクニックは文字列の再変換だけでなく、単に「漢字の読み方を知りたい」という場面にも活用できます。

➡ 確定直後の取消再変換

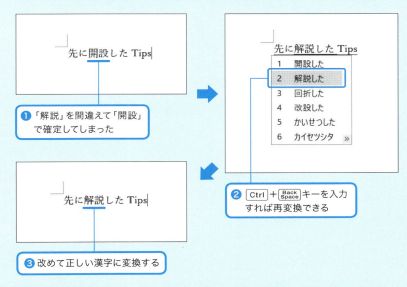

変換確定直後にショートカットキー Ctrl + Back Space キーを入力すれば「確定取消」となり、文字列を再変換できる。この操作を知っていれば、文字入力の無駄を大幅に減らせる。

➡ 再変換で漢字の「読み」を知る

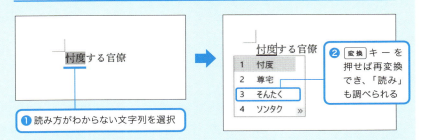

確定している文字列も 変換 キーで再変換できる。このテクニックは漢字の「読み」を調べる手段としても有効。なお、文字列の選択はマウスで行ってもよいが、Shift +カーソルキーのほうが素早い。

習慣 054

全角／半角スペースの入力に手間をかけない

文中に任意の「スペース」を挿入する

文中に任意の「スペース」を入力したい場合は space キーを押しますが、「全角スペース」を入力したい場合には日本語入力オンの状態で、「半角スペース」を入力したい場合は日本語入力オフの状態で space キーを押す必要があります。しかし、全角／半角スペースを入力するたびに、いちいち日本語入力のオン／オフを切り替えるのは無駄な手間というものです。実は、**日本語入力オンの状態でも、 Shift + space キーを入力すれば、半角スペースを入力できます。**「全角スペース」と「半角スペース」の使い分けが必要になった場合に便利な入力方法です。

日本語入力中（変換前）に任意のスペースを入力する

ひらがな入力中（変換前）に space キーを押すと、漢字変換処理になってしまいます。「スペースを入力したかったのに漢字変換されてしまった」という経験をお持ちの人も多いかもしれません。そこで、もう1つ覚えておいてほしい習慣を紹介しましょう。

ひらがな入力中に「全角スペース」を入力したい場合には Ctrl + Shift + space キーを入力して下さい。一方、**「半角スペース」を入力したい場合は、 Ctrl + space キーを入力**します。そうすれば「変換」ではなく、「全角／半角スペースの入力」を行えるので便利です。名字と名前の間にスペースを入力したい場合などに重宝する習慣です。

➡ 日本語入力オンの状態で「半角スペース」を入力する

橋本　和則

日本語入力オンのまま
[space]キーで
全角スペースを入力できる

橋本 和則

日本語入力オンのまま
[Shift]+[space]キーで
半角スペースを入力できる

日本語入力がオンの状態で[space]キーを入力すると「全角スペース」になるが、「半角スペース」を入力したい場合には[Shift]+[space]キーを入力する。わざわざ日本語入力をオフにしてから半角スペースを入力するという無駄な手間が省ける。

➡ ひらがな入力中に「スペース」を入力する

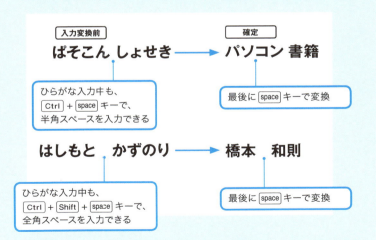

ひらがな入力中に[space]キーを押すと変換操作になってしまうが、[Ctrl]+[Shift]+[space]キーを入力すれば「全角スペース」、[Ctrl]+[space]キーを入力すれば「半角スペース」を挿入できる。

習慣 055
「≠」「≒」などの記号を一発で入力する

記号を簡単に入力する

「≠」「≒」「∀」などの記号を入力したい場合は、「きごう」と入力して変換するのが一般的な方法です。しかし、記号の変換候補は非常に数が多く、目的の記号を見つけ出すまでに時間がかかります。

そこで**記号を入力したいときは、「きごう」と入力した後に F5 キーを押す習慣**をつけましょう。そうすれば、**IMEパッドが起動し、「記号の一覧」が表示されます。**あとは目的の記号をクリックすれば、簡単に目的の記号を入力できます。膨大な変換候補から目的の記号を探す手間を省くことができ、重宝するテクニックです。

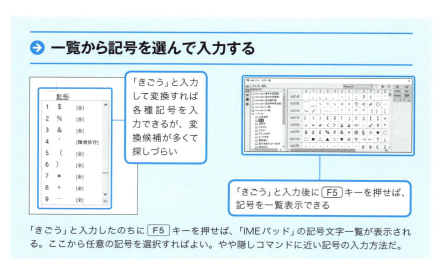

➡ 一覧から記号を選んで入力する

「きごう」と入力して変換すれば各種記号を入力できるが、変換候補が多くて探しづらい

「きごう」と入力後に F5 キーを押せば、記号を一覧表示できる

「きごう」と入力したのちに F5 キーを押せば、「IMEパッド」の記号文字一覧が表示される。ここから任意の記号を選択すればよい。やや隠しコマンドに近い記号の入力方法だ。

習慣 056
英語入力と日本語入力で入力モードを切り替えない

　日本語／英語入力の切り替えは [半角/全角] キーで行いますが、「Webサイト」のように英語と日本語が入り交じった単語を入力する際に、いちいち [半角/全角] キーで日本語／英語入力を切り替えるのは時間の無駄です。

　そこで役立つのが [Shift] キーの活用です。**[Shift] キーを使えば、日本語入力がオンのまま、英文を入力できます。**

　例えば「この習慣はWindowsの極意」という文章を入力するのであれば**「このしゅうかんは」と入力した後、[Shift] + [W] キーを入力します。この時点で英語入力になるので、そのまま「i・n・d・o・w・s」とスペル入力して、再び [Shift] キーを押し、「のごくい」と入力して変換を行います。**

　こうすれば、いちいち入力モードを切り替えることなく、英語と日本語が入り交じった文章を入力できます。

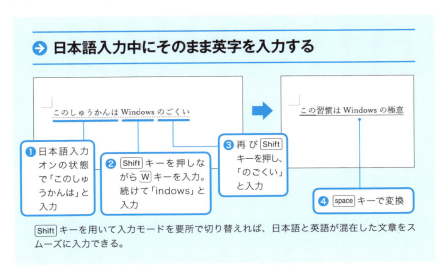

➡ 日本語入力中にそのまま英字を入力する

このしゅうかんは Windows のごくい　→　この習慣は Windows の極意

① 日本語入力オンの状態で「このしゅうかんは」と入力
② [Shift] キーを押しながら [W] キーを入力。続けて「indows」と入力
③ 再び [Shift] キーを押し、「のごくい」と入力
④ [space] キーで変換

[Shift] キーを用いて入力モードを要所で切り替えれば、日本語と英語が混在した文章をスムーズに入力できる。

📅 習慣 **057**

スペルがわからない英単語は日本語で入力する

▍スペルがわからない英単語を一発で入力する

　英単語を入力したいとき、「スペルを思い出せない」ということも多いでしょう。そんなとき、いちいちインターネットなどで正しいスペルを調べるのは時間の無駄です。

　スペルがわからない英単語を入力するときは、「日本語」（英語のカタカナ読み）で入力する習慣をつけましょう。例えば「administrator」という単語を入力したいときは、**「あどみにすとれーた」と日本語入力して変換すれば、正しい英語表記を入力できます。** スペルのわからない英単語を一発で入力できるのはもちろん、スペルの誤入力を防ぐというメリットもあります。

➡ 日本語入力変換を活用して英単語を入力する

administrator	
1	アドミニストレータ
2	administrator
3	ａｄｍｉｎｉｓｔｒａｔｏｒ
4	ＡＤＭＩＮＩＳＴＲＡＴＯＲ
5	Ａｄｍｉｎｉｓｔｒａｔｏｒ
6	Administrator
7	ADMINISTRATOR
8	あどみにすとれーた

あどみにすとれーた

❶ 日本語で「あどみにすとれーた」と入力

❷ 変換すると「administrator」と英語入力できる

スペルがわからない英単語は、英語のカタカナ読みを日本語で入力する。変換候補に英語も表示されるので、正しいスペルの英単語を入力できて便利だ。

習慣 058
住所は「郵便番号」で入力する

住所を簡単&確実に入力する

　住所の入力は、案外手間がかかるものです。**もし郵便番号を知っているならば、住所は「郵便番号」で入力する習慣**をつけましょう。例えば**「東京都新宿区舟町」と入力したい場合、その住所の郵便番号である「160-0006」を入力すれば、「東京都新宿区舟町」に変換することができます。**あとは番地を入力するだけで、正しい住所を簡単に入力できるのです。

　特に長い住所の場合、入力に手間がかかるのはもちろん、誤入力してしまう可能性もあります。郵便番号で入力する習慣をつけておけば、長い住所でも簡単&確実に入力することができます。

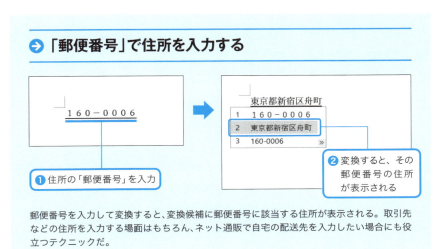

郵便番号を入力して変換すると、変換候補に郵便番号に該当する住所が表示される。取引先などの住所を入力する場面はもちろん、ネット通販で自宅の配送先を入力したい場合にも役立つテクニックだ。

習慣 059

よく使う単語は
辞書登録しておく

▌ 固有名詞やよく使うフレーズは辞書登録！

　Windowsの日本語変換機能は非常に優れており、一般的な用語であれば、ほぼ間違いなく正しく変換できます。

　しかし固有名詞や専門用語などは、使用される漢字によっては正しく変換できないこともあります。

　例えば「たろう」という名前を入力する場合、「太郎」や「太朗」であればそのまま変換できますが、「汰郎」という漢字を用いている場合、変換候補に表示されません。昨今は名前に特徴的な漢字が用いられていることも多いため、入力に苦労している人も多いかもしれません。

　そんなときに活用したいのが「単語の登録」（辞書登録）です。**よく利用する単語をMicrosoft IMEに辞書登録しておけば、特徴的な固有名詞や専門用語も一発で入力できる**ようになります。

　他にも、長いフレーズを入力する場合は「文節長（文節の区切る位置）」の間違いが起こりやすくなりますが、よく使うフレーズであれば、フレーズごと辞書登録してしまえば誤変換を防ぐことが可能です。

　単語やフレーズを登録したい場合は、通知領域にある入力インジケーターを右クリックして、ショートカットメニューから「単語の登録」を選択すればOKです。あるいは、**日本語入力がオンの状態でショートカットキー Ctrl ＋ 変換 → O キーを入力すれば、より素早く「単語の登録」にアクセス**できます。あとは、任意の単語やフレーズを登録してしまえば、登録した単語が変換候補に表示されるようになります。

➡ よく使う単語を「辞書登録」する(通常手順)

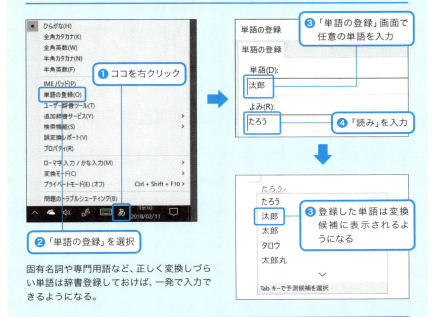

固有名詞や専門用語など、正しく変換しづらい単語は辞書登録しておけば、一発で入力できるようになる。

➡ よく使う単語を「辞書登録」する(時短)

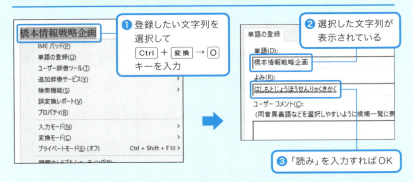

すでに入力済みの単語を辞書登録したい場合には、その文字列を選択(またはコピー)後に「単語の登録」画面にアクセスする。選択した文字列が「単語」欄にあらかじめ表示された状態で辞書登録できるので便利だ(一部アプリを除く)。

習慣 060

よく使うフレーズは2〜3文字で入力できるようにしておく

「略記登録」で長い文字列を一発入力する

「単語の登録（辞書登録）」の発展形として、**本当によく使う単語やフレーズは2〜3文字で入力できるようにしておくとよいでしょう。**辞書登録では単語に対して「読み」を登録するのが普通ですが（「汰郎」に対して「たろう」など）、あえて「そのままの読み」ではない登録を行います。

例えば**「上級リファレンス」という単語に対して「ｊｒ」という読みを登録しておけば、「ｊｒ」と入力するだけで、「上級リファレンス」に変換できる**ようになります。こうすれば、よく使う単語やフレーズの入力スピードを劇的に高めることができます。

ただし、このテクニックを使ううえでは、いくつか注意すべき点があります。1つは、「自分が忘れにくい文字の羅列」にすることです。便利だからと片っ端から略記登録してしまうと、自分がどんな略記でどんな文字を入力できるようにしたかを忘れてしまいます。つまり、**自分なりの定義に基づいた略記での単語登録が必要なのです。**

もう1つの注意点は、ローマ字入力の際に「ひらがなにならない羅列の英字」で登録を行うことです。例えば「ｈａ」と入力して「橋本和則」と変換できるように登録するのはNGです。これは「ｈａ」と入力した時点で、「は」というひらがなに変換されてしまうからです。

誤変換の原因にならないためのコツは、略記入力における単語登録は「母音（aiueo）を含めない」ことと、**「絶対に利用しない記号」**の活用です。例えば「¥」「＾（キャレット）」「＠（アット）」などがそうで、これら

の記号を「名前」「住所」「メールアドレス」などと定義すると、かなりわかりやすい略記を命名することが可能です。

　例えば筆者の場合「橋本和則（はしもとかずのり）」の各種個人情報に対しては、母音をうまく避けて「はしもと」の「h」と「かずのり」の「k」を取り、さらに記号を組み合わせて、「ｈｋ￥」で「自分の名前」、「ｈｋ＾」で「自分の住所」、「ｈｋ＠」で「自分のメールアドレス」を素早く入力できるようにしています。

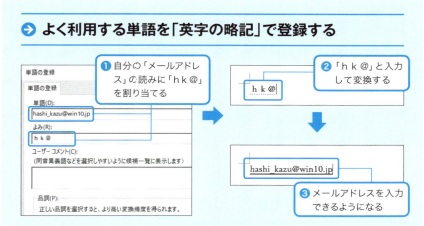

よく利用する単語やフレーズを「英字の略記」で登録すれば、長い文字列も2〜3文字で入力できるようになる。なお、単純なひらがな変換を避けるため、略記する単語には「母音（aiueo）」を含めない「読み」にすることが肝要だ。

◎「読み」と「単語」の組み合わせ例

読み	入力できる単語
ｈｋ￥	橋本和則（名前）
ｈｋ＾	東京都新宿区舟町5-6-7（個人住所）
ｈｋ＠	hashi_kazu@win10.jp（個人メールアドレス）
ｈｊ￥	橋本情報戦略企画（会社屋号）
ｈｊ＾	東京都新宿区舟町1-2-3（会社住所）
ｈｊ＠	hjsk@win10.jp（会社メールアドレス）

読みと入力する単語の組み合わせ例。ローマ字入力（ひらがな入力）で絶対に利用しない各種記号を交えると、「わかりやすい（覚えやすい）」単語登録が可能。特に「住所」「メールアドレス」などは、略記から類推しやすいことを優先して定義づけるとよい。

習慣 061

よく使う文字列は「リスト化」して使い回す

よく使う文字列は付箋で「リスト化」しておく

　入力の手間を省く方法として「略記による辞書登録」を紹介しましたが（P.128参照）、あまりにたくさんの略記を登録してしまうと、自分が何を登録したのかを忘れてしまい、意味がなくなってしまいます。

　例えば筆者はIT作家という職業柄、“「Ctrl」＋「Shift」＋「〜」キー”という文字列を頻繁に入力するのですが、たくさんあるショートカットキーの文字列をいちいち略記登録していてはキリがありません。

　筆者のように「よく文中に利用するフレーズがあるが辞書登録しにくい」という人のために、もう1つ役立つ便利な習慣を紹介しておきましょう。

　それは、**よく使う単語やフレーズは「別途リスト化しておく」**というものです。こうすれば、リスト化した文字列をコピー＆ペーストするだけで、素早く文字入力できるようになります。

　例えば、「付箋（アプリ）」によく利用する単語やフレーズをまとめて記述しておきます（「OneNote」など、文字列を管理できるアプリであれば何でもOK）。その**フレーズを入力したい場面になったら、リストから文字列を選択して Ctrl ＋ C キーでコピー、その後任意の文書に Ctrl ＋ V キーで貼り付ければ、長いフレーズでも簡単に入力できます。**

　コツとしては、よく利用するフレーズで、かつ辞書登録しない（しにくい）フレーズをリスト化すること、また各フレーズはのちに文字列として選択しやすいように「行区切り（改行）」しておくということです。

　この習慣は、**「お決まりのあいさつ文」や「よく利用する言い回し」**など

130

に活用できます。

　また、日本語入力変換に依存しないため、「間違えやすい単語」（変換候補が多い人名など）を入力する際に、誤変換によるミスが防げるというメリットもあります（「渡邊さん」を「渡辺さん」などと変換しないで済む）。

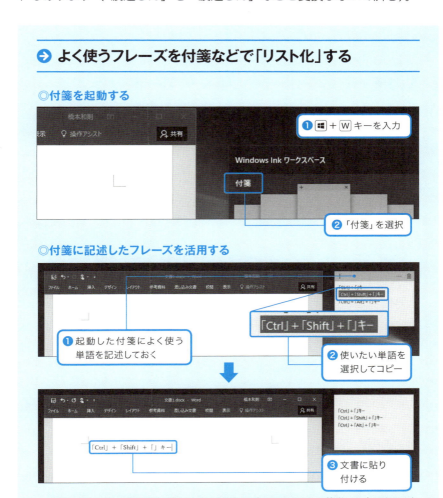

よく利用するフレーズを付箋に記述しておけば、コピー＆ペーストで簡単に入力できる。ちなみに付箋は「＋」アイコンをクリックすることで複数配置可能なので、筆者は「ビジネスシーン用」「SNS用（やや砕けた表現）」のように、場面別に付箋を使い分けている。

📅 **習慣** # 062

入力モードは
キーボード一発で切り替える

▌入力モードはショートカットキーで一発指定する

　キーボードの 半角/全角 キーを押せば、「ひらがな入力」と「半角英数入力」を切り替えることができます。

　しかし、入力モードは他にもあり、「全角カタカナ」「全角英数」「半角カタカナ」を任意に指定することが可能です。

　入力モードを切り替える最も簡単なやり方は、通知領域にある入力インジケーターを右クリックして入力モードを指定する、という方法です。しかし、いちいちマウスで切り替えるのは面倒なので、入力モードを切り替えたいときは、無変換 キーで一発指定する習慣をつけましょう。

　「全角カタカナ」「半角カタカナ」モードに切り替えたい場合には、日本語入力がオンの状態で 無変換 キーを押します。 無変換 キーを押すごとに「全角カタカナ」→「半角カタカナ」→「ひらがな」モードと切り替わります。謎のキーの1つとされる 無変換 キーですが、実は入力モードの切り替えに役立つわけです。

　ちなみに、このようにキーを押すごとに機能をサイクル的に切り替えることを「トグル」といいますが、入力モードを確実に指定したければ、やはりショートカットキーに勝るものはありません。

　そこで、入力モード切り替えのショートカットキーも覚えておきましょう。**日本語入力がオンの状態でショートカットキー Ctrl ＋ 変換 → N →[各種モード]キーを入力すれば、入力モードを一発で切り替えることが可能**です。

入力モードを切り替える

◎入力インジケーターで入力モードを切り替える

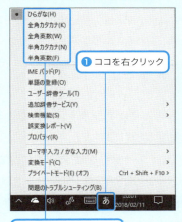

❶ ココを右クリック

❷ 入力モードを選択

通知領域にある入力インジケーターを右クリックすれば、ショートカットメニューから任意の入力モードを選択できる。だが、マウス操作で入力モードを切り替えるのは面倒だ。

◎[無変換]キーで入力モードを切り替える

「ひらがな」モード

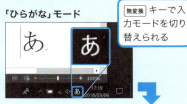

[無変換]キーで入力モードを切り替えられる

「全角カタカナ」モード

「半角カタカナ」モード

日本語入力がオンの状態で[無変換]キーを押せば、「全角カタカナ」→「半角カタカナ」→「ひらがな」モードをトグルで切り替えることができる。

◎入力モードをショートカットキーで確実に指定する

入力モード	ショートカットキー
「ひらがな」モード	[Ctrl]+[変換]→[N]→[H]キー（※[H]は「ひらがな」のH）
「全角カタカナ」モード	[Ctrl]+[変換]→[N]→[K]キー（※[K]は「カタカナ」のK）
「全角英数」モード	[Ctrl]+[変換]→[N]→[W]キー
「半角英数」モード	[Ctrl]+[変換]→[N]→[F]キー

入力モードのショートカットキー一覧。日本語入力がオンの状態で、ショートカットキー[Ctrl]+[変換]→[N]→[各種モード]キーを入力すれば、入力モードを一発で切り替えることができる。

習慣 **063**

読みのわからない漢字は
「手書き」で入力する

読みのわからない単漢字を「手書き」で探す

「何と読むかわからない漢字」を入力したいときがあります。そんなときは、IMEパッドの「手書き入力」を使う習慣をつけましょう。

「IMEパッド」は、通知領域にある入力インジケーターを右クリックして、ショートカットメニューから「IMEパッド」を選択すれば表示できます。あるいは、日本語入力がオンの状態であれば、ショートカットキー Ctrl ＋ 変換 → P キー（ P はパッドの「P」）で素早く表示することが可能です。

表示されたIMEパッドを「手書きモード」にし、手書きウィンドウに入力したい「読めない漢字」を描画しましょう。

一画一画描画するたびに「文字候補」が絞り込まれていくので、該当する漢字をクリックすれば、「読めない漢字」を入力することができます。

読みのわからない漢字を「部首」で引いて入力する

読みのわからない漢字は「手書き」で入力する以外に、「部首」で引くという方法もあります。例えば「迪」という漢字の部首の画数は「3画」の「しんにょう」なので、IMEパッドを「部首」モードにして、ドロップダウンから「3画」を選択します。3画内にある「しんにょう」を選択すれば、該当文字を一覧から入力することが可能です。

また、部首をあらかじめ文字入力してから引く方法もあります。例えば「鼾」という漢字を入力したい場合、「はな」と入力して「鼻」に変換後、

ショートカットキー Ctrl + Y キーを入力すれば、「鼻」を部首とする文字を一覧で表示できるので、表示された「鼾（いびき）」をクリックすれば「鼾」という文字を入力できます。「部首の読み方だけはわかる」という漢字を入力する場合などに重宝するテクニックです。

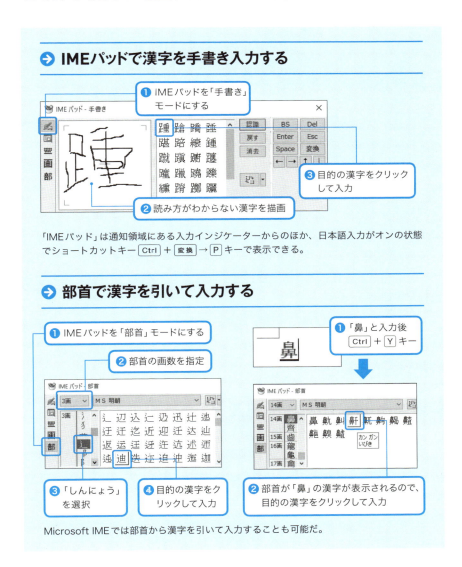

習慣 064

文字の変換で
キーを連打しない

変換候補から素早く漢字を選択する

　入力したひらがなを変換したいときは space キーを押します。目的の漢字が変換候補の下のほうにある場合、いたずらに space キーを連打して変換候補を確定する人がいますが、これは時間の無駄です。**変換候補が多いときは、space キーを連打せず、変換候補の左にある数字に従った［数字］キーを押しましょう。**そうすれば、space キーをガンガン連打することなく、一発で目的の漢字に変換できます。

　また、変換候補が多い場合はスクロールバーを下に移動する必要がありますが、こんなときは Tab **キーを押すことで、変換候補を一覧で表示することが可能**です。

　まとめると、**「変換候補は［数字］キーで指定」、「変換候補が多いときは Tab キーで一覧表示」という習慣**をつけておくと、効率的な文字列入力を実現することができます。

Windows 10 の「予測入力」を活用する

　Windows 10 では「予測入力」機能が追加されたため、変換操作を行わなくても「文字列候補」が表示されるようになっています。**予測候補に該当する文字列がある場合には、Tab キー／カーソルキーで選択して Enter キーで確定**することができます。つまり予測候補に目的の文字列がある場合には、「変換」という操作そのものが必要ないのです。

➡ 変換候補から素早く漢字を選択する

◎変換候補は「数字」で指定する　◎変換候補が多いときは [Tab] キーを使う

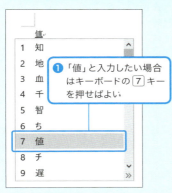
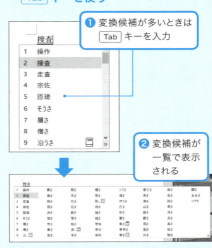

❶「値」と入力したい場合はキーボードの [7] キーを押せばよい

❶ 変換候補が多いときは [Tab] キーを入力

❷ 変換候補が一覧で表示される

変換候補のうち、目的の漢字が下部にある場合は [space] キーを連打するのではなく、文字列変換候補の左にある数字に従った [数字] キーで指定すればよい。

目的の変換候補が一覧にない場合には [Tab] キーを押すと変換候補を一覧表示できる。選択列に従って数字が表示されるので、ここでも該当の [数字] キーを押せば素早く入力が可能だ。

◎Windows 10の予測入力を活用する

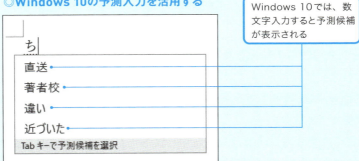

Windows 10では、数文字入力すると予測候補が表示される

Windows 10には「予測入力」機能があり、予測候補に目的の文字列があれば [Tab] キーで候補から選択して [Enter] キーで入力できる。

習慣 **065**

英字の大文字連続入力には「CAPSロック」を使う

英字を常に大文字で入力する

英語を小文字（a・b・c）ではなく「大文字（A・B・C）」で入力したい場合、いちいち入力モードを切り替えなくても、Shift キーを使えば入力することができます。例えば「A」と入力したいならば Shift ＋ A キーを入力する、という具合です。

しかし、連続で大文字を入力したい場合、いちいち Shift キーを使うのは面倒です。そんなときは、**「CAPSロック」を使う習慣**をつけましょう。CAPSロックは、キーボードの Caps Lock キーだけでは実現できないので、**ショートカットキー** Shift ＋ Caps Lock **キーを入力**します。これにより、**以降は** Shift **キーを交えずとも、常に大文字を入力できるようになります。**

また、CAPSロック中に「小文字」を入力したい場合には、逆に Shift キーを交えて入力すればOKです。

突然「大文字」になって困った！そんなときは……

CAPSロックは、再びショートカットキー Shift ＋ Caps Lock キーを入力すれば解除できます。

よく「文字入力が突然大文字になってしまった！」というケースを耳にしますが、これは何らかの手違いでCAPSロック状態になってしまったのが原因です。そんなときは、即座に Shift ＋ Caps Lock キーで解除する習慣をつけましょう。

➔ 小文字／大文字の切り替えは「CAPSロック」

Shift + Caps Lock キーで
「CAPSロック」をオンにできる

英字入力における恒久的な小文字／大文字の切り替えは「CAPSロック」で行う。CAPSロックは Shift + Caps Lock キーを入力するごとにオン／オフできる。

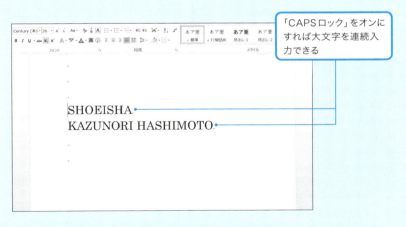

「CAPSロック」をオンにすれば大文字を連続入力できる

CAPSロックをオンにすれば、Shift キーを交えずとも大文字を連続入力できる。手違いでCAPSロックになってしまった場合は、Shift + Caps Lock キーを入力すれば解除できる。

習慣 066
パソコンでもフリック入力する

　スマートフォンではフリック入力（指で任意の場所を押したまま上下左右に動かすこと）で文字入力するのが一般的ですが、実はWindows 10でもフリック入力を行うことが可能です。スマートフォンに慣れている人なら、こちらのほうが文字入力がスムーズかもしれません。

　タッチキーボードを表示するには、通知領域にある「タッチキーボード」ボタンをクリックします（通知領域に「タッチキーボード」ボタンがない場合にはP.62参照）。「タッチキーボード」が表示されたら**左上にある「 (キーボード設定）」アイコンをクリックして、一覧から「 (かな10キー入力モード）」を選択**します。タッチキーボードが「かな10キー入力モード」になり、フリック入力を行えます。

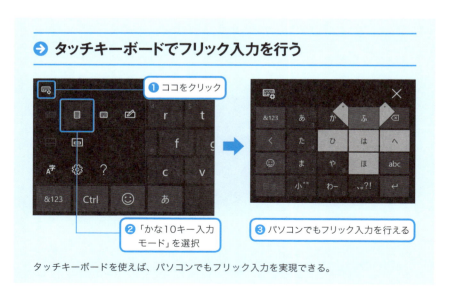

タッチキーボードを使えば、パソコンでもフリック入力を実現できる。

習慣 067
「ぁいうぇぉ」を一発で入力する

意外と知らない？ひらがなの各文字入力

　小さい「あいうえお」（つまり「ぁぃぅぇぉ」）の入力に、案外苦労している人は多いようです。実は、**「ぁぃぅぇぉ」は、「A」「I」「U」「E」「O」の前に、「L」（L はLittleのL）または「X」を交えれば、一発で入力できます。** つまり「LA」「LI」「LU」「LE」「LO」、あるいは「XA」「XI」「XU」「XE」「XO」と入力すればよいわけです。

　また、「数ヵ月」「八ヶ岳」などの「ヵ」「ヶ」ですが、これも単体で入力したい場合には「LKA（XKA）」「LKE（XKE）」と入力すればOKです。小さい「やゆよ（ゃゅょ）」も同様ですが、**小さい文字を入力したいときは「L」または「X」を使う習慣**をつけましょう。

➡ 小さい「ぁいうぇぉ」の入力

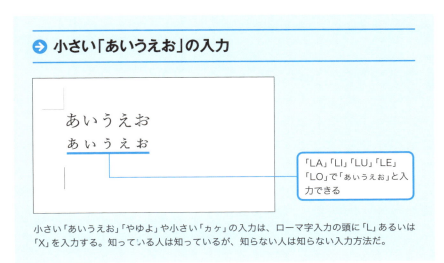

「LA」「LI」「LU」「LE」「LO」で「ぁぃぅぇぉ」と入力できる

小さい「ぁぃぅぇぉ」「ゃゅょ」や小さい「ヵヶ」の入力は、ローマ字入力の頭に「L」あるいは「X」を入力する。知っている人は知っているが、知らない人は知らない入力方法だ。

習慣 **068**

カタカナ変換や英字変換をキーボード一発で済ませる

ファンクションキーで一発変換!

日本語入力がオンの状態で入力した文字列を「カタカナ」や「英数字」に変換したい場合、通常は space キーを用います。しかし、P.136でも触れた通り、何度も space キーを連打するのは時間の無駄です。

実は**キーボードの F6 ～ F10 キー（ファンクションキー）を利用すれば、一発で変換を行うことが可能**です。

具体的には、**カタカナ変換は F7 キー、全角英数変換は F9 キー、半角英数変換は F10 キー**を押せばOKです（ちなみに F6 キーでひらがな変換、 F8 キーで半角変換を行うことも可能です）。

カタカナ変換や英数字変換を行うときは、ファンクションキーを使う習慣をつけましょう。

ファンクションキーを使えない人は……

ノートPCの一部には Fn キーを交えて各キーを押さないとファンクションキーを入力できないモデルも存在します。そういうモデルを使っている人は、 Ctrl キーを交えたショートカットキーを覚えておきましょう。具体的には、 **Ctrl + I キーでカタカナ変換、 Ctrl + P キーで全角英数変換、 Ctrl + T キーで半角英数変換**が可能です（ Ctrl + U キーでひらがな変換、 Ctrl + O キーで半角変換も行えます）。

142

ファンクションキーで一発変換する

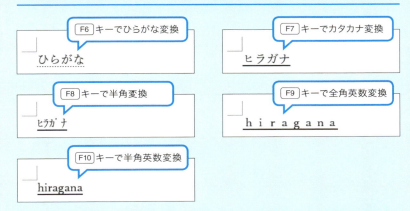

変換	ファンクションキー	ショートカットキー
ひらがな変換	F6 キー	Ctrl + U キー
カタカナ変換	F7 キー	Ctrl + I キー
半角変換	F8 キー	Ctrl + O キー
全角英数変換	F9 キー	Ctrl + P キー
半角英数変換	F10 キー	Ctrl + T キー

カタカナ／英数変換／ひらがな変換／英数変換はファンクションキーで行える。また、ショートカットキーでも実現可能だ。ちなみにキーボードのキー配列は「T・U・I・O・P」と並んでいるので、要は Y キー以外の並びが一連の変換と覚えるとよい。

ファンクションキーの応用技

同じファンクションキー（ショートカットキー）を連打することで「英数小文字／大文字位置」や「カタカナ／ひらがな位置」を変更することも可能。ここでは半角英数変換の例を紹介したが、カタカナ変換であれば、F7 キーを押すごとに「ヒラガナ」「ヒラガな」「ヒラがな」のように変換できる。

コラム　Microsoft IMEのカスタマイズ

　Microsoft IMEをカスタマイズしたい場合には、通知領域にある入力インジケーターを右クリックして、ショートカットメニューから「プロパティ」を選択する。表示された「Microsoft IMEの設定」画面で、Microsoft IMEの様々なカスタマイズが行える。

◎「Microsoft IME」の起動　　　　◎「入力モード切替の通知」をオフにする

ココをクリックすれば、「Microsoft IMEの詳細設定」画面を表示できる

「Microsoft IMEの設定」画面は、上記の方法のほか、Ctrl + 変換 → R キーで一発表示することも可能。

❶ ココを右クリック

❷「プロパティ」をクリックすると「Microsoft IME」画面を表示できる

　Windows 10では、日本語入力をオン／オフにするたびに画面中央に「あ」「A」と表示されるが、これが邪魔な場合は、「画面中央に表示する」のチェックを外せばよい。また、「詳細設定」ボタンをクリックすれば、さらに詳細な設定を行える。

「Microsoft IME」画面でココのチェックを外せば、日本語入力オン／オフのたびに画面中央に「A」「あ」と表示されるのを停止できる

◎「予測入力」を停止する

「Microsoft IMEの詳細設定」画面の「予測入力」タブでココのチェックを外せば、予測入力をオフにできる

　Windows 10では「予測入力」があらかじめ有効になっているが、この機能が不要な場合はMicrosoft IMEの設定の「詳細設定」画面、「予測入力タブ」で「予測入力を使用する」のチェックを外せばよい。

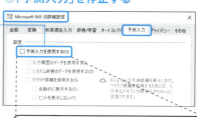

> Chapter 5

ファイルを探す
無駄をゼロにする
15の習慣

習慣 **069**

エクスプローラーを
一発で起動する

ファイル操作の基本「エクスプローラー」

　ファイルやフォルダーを操作するために欠かせないのが「エクスプローラー」です。

　エクスプローラーはタスクバーの「エクスプローラー」アイコンをクリックすることで起動できますが、**ショートカットキー ⊞ + E キーでより素早く起動できます**（E はExplorerの「E」）。

　頻繁に使うエクスプローラーだからこそ、ショートカットキーで一発起動する習慣をつけましょう。

エクスプローラーをもう1つ起動する

　エクスプローラーをもう1つ起動したい場合は、⊞ + E キーをもう1度入力すればよいのですが、**意外と便利なのが Ctrl + N キーです。Ctrl + N キーならば、「今開いているフォルダーと同じ階層のエクスプローラー」をもう1つ開くことができます。**

　例えば「ピクチャ」フォルダーを表示していれば、Ctrl + N キーで「ピクチャ」フォルダーをもう1つ開くことが可能です。

　なお、エクスプローラーは標準状態では、起動時に「クイックアクセス」表示になります。クイックアクセス表示は今まで開いたファイルの履歴に一発でアクセスできて便利なのですが、履歴を人に見られたくない場合などには履歴を非表示にすることもできます（P.174参照）。

146

また従来のエクスプローラーのように、起動時に「PC表示」(ドライブ一覧表示)にすることも可能です(P.174参照)。PC表示ならば主要フォルダーや各ドライブ、USBドライブなどに一発でアクセスできて便利です。

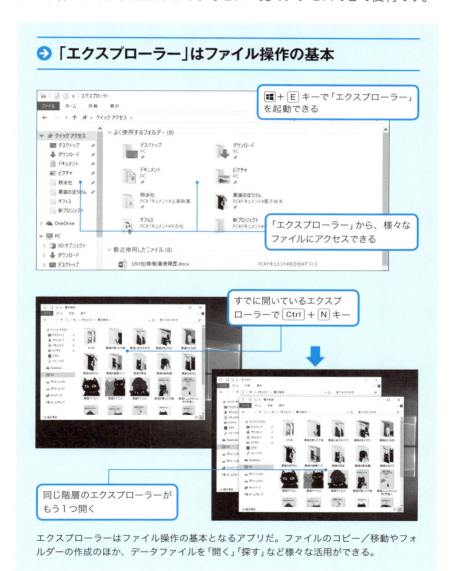

エクスプローラーはファイル操作の基本となるアプリだ。ファイルのコピー/移動やフォルダーの作成のほか、データファイルを「開く」「探す」など様々な活用ができる。

147

習慣 **070**

自分が「使いやすい表示」で エクスプローラーを使う

レイアウト表示をキーボード一発で切り替える

エクスプローラーは、レイアウト表示を変更することができます。

「アイコンの大きさ（特大・大・中・小）」を切り替えられるほか、「一覧」表示にすることや、各種ファイル情報も含む「詳細」表示にすることも可能です。

あらかじめ自分が使いやすいレイアウト表示にしておけば、ファイルを操作しやすくなりますし、場面によっては「ファイルを開かずにファイル内容や種類が確認できる」など、作業効率に大きく貢献してくれます。「どのレイアウト表示がベスト」ということはなく、**場面によってレイアウト表示を切り替えるのが、正しいエクスプローラーの使い方**です。

レイアウト表示は、エクスプローラーの「表示」タブ、「レイアウト」内で任意に切り替えることができます。

また、**各レイアウト表示にはショートカットキー Ctrl + Shift + ［数字（1〜8）］キー（メインキー側）が割り当てられている**ので、よく利用するレイアウト表示はショートカットキーを覚えておくとよいでしょう。

ビジネスシーンならば「詳細」表示がオススメ

ビジネスシーンでオススメなのが、更新日時やファイルの種類、ファイルサイズなどを一覧で確認できる「詳細」表示です。**「詳細」表示にはショートカットキー Ctrl + Shift + 6 キーが割り当てられています。**

→ エクスプローラーの「レイアウト表示」を切り替える

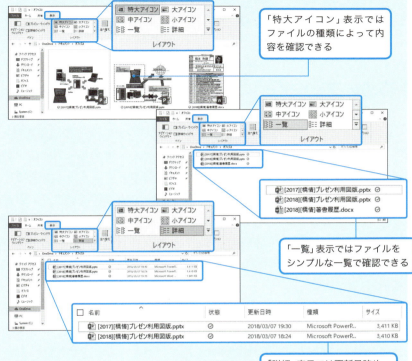

◎ レイアウト表示のショートカットキー

表示スタイル	ショートカットキー
特大アイコン	Ctrl + Shift + 1 キー
大アイコン	Ctrl + Shift + 2 キー
中アイコン	Ctrl + Shift + 3 キー
小アイコン	Ctrl + Shift + 4 キー
一覧	Ctrl + Shift + 5 キー
詳細	Ctrl + Shift + 6 キー
並べて表示	Ctrl + Shift + 7 キー
コンテンツ	Ctrl + Shift + 8 キー

習慣 071
エクスプローラー内の移動を一瞬で済ませる

目的のフォルダーに一発で移動する

　エクスプローラーの利用で一番苦労するのが「フォルダーの階層移動」です。「フォルダーの中にもう1つフォルダーがあり、その中に目的のファイルがある」という場合、1つ1つクリックして階層をたどるのは大変です。

　そんなとき、手っ取り早いのは「アドレスバー」からの移動です。**アドレスバーでは現在のフォルダー位置（ロケーション）が表示されていますが、階層の区切りを「▶」で表しており、これをクリックすれば該当階層下のフォルダーの一覧が表示され、目的のフォルダーを選択するだけで素早く移動できます。**

　また「フォルダーの階層移動」は、エクスプローラー左側の「ナビゲーションウィンドウ」を使うという手もあります。

　ナビゲーションウィンドウではフォルダーをクリックして展開、表示できるほか、カーソルキーでフォルダーを選択し、→キーで展開、Enterキーで開くことも可能です。

ショートカットキーで自在に移動する

　エクスプローラーの移動は、ショートカットキーでも行えます。 Alt ＋ ← キーは「戻る」、 Alt ＋ → キーは「進む」、 Alt ＋ ↑ キーで、「1つ上の階層へ移動」です。これらのショートカットキーを覚えておけば、エクスプローラー内をサクサク移動できます。

また、「∨」(最近表示した場所)をクリックすれば、フォルダーの履歴を一覧表示して、目的のフォルダーに素早くアクセスすることも可能です。

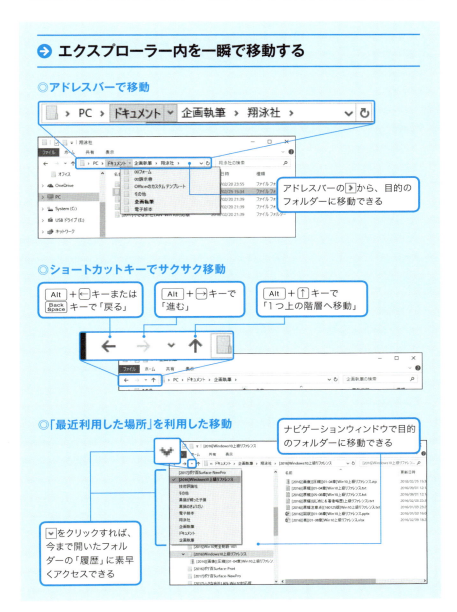

習慣 072

リボンコマンドは
キーボードで実行する

リボンコマンドの表示／非表示を切り替える

エクスプローラーの上部には「リボンコマンド」があり、ここから各種ファイル操作を行うのが基本です。

ただ、このリボンコマンドは結構なスペースを取るので、邪魔に感じることがあります。そんなときは、**リボンタブ右端の「◠」「◡」をクリックするか、ショートカットキー Ctrl + F1 キーで表示／非表示を切り替えることができます。**

リボンコマンドを非表示にすればそれだけ操作スペースを確保できるので、必要に応じで表示／非表示を切り替えるとよいでしょう。

リボンコマンドを実行する

リボンコマンド（操作）を実行する際は、任意のリボンの「タブ」を表示して、目的のリボンコマンドをクリックします。ちなみに、**リボンの「タブ」「コマンド」ともにショートカットキーが割り当てられているので、これを利用したほうが素早く操作できて便利**です。

具体的には、「ホーム」タブには Alt + H キー（ H は Home の「H」）、「共有」タブには Alt + S キー（ S は Share の「S」）、「表示」タブには Alt + V キー（ V は View の「V」）が割り当てられています。

ショートカットキーでタブを呼び出すと「リボンコマンド」に割り当てられたショートカットキーが表示されるため、これを入力すれば「リボン

152

コマンド」を実行することができます。例えば「ホーム」タブにある「クイックアクセスにピン留め」であれば「PI」が割り当てられているので、ショートカットキー Alt + H → P → I キーと入力することで、「クイックアクセスにピン留め」を実行可能です。つまり、キーボードだけでリボンコマンドを実行することができるのです。

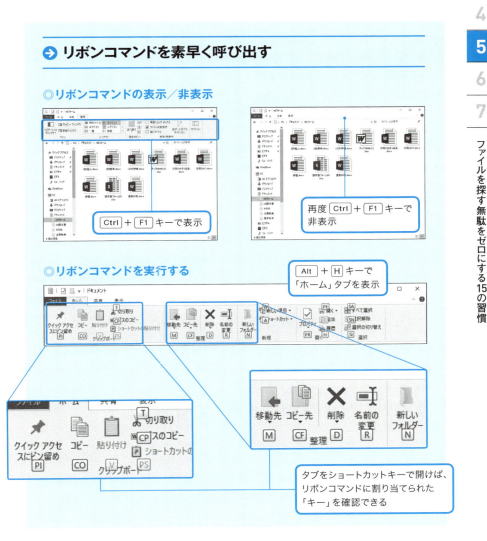

リボンコマンドを素早く呼び出す

習慣 **073**

「よく利用する操作」は
一瞬で実行できるようにしておく

一発実行を可能にするクイックアクセスツールバー

エクスプローラー操作に慣れてくると、リボンコマンドの中でも、自分が日常的に利用するコマンド（操作）はほんの一部であることに気づきます。そこで**リボンコマンドの中でも「よく利用するコマンド」は、素早く実行できるよう「クイックアクセスツールバー」に登録する習慣**をつけましょう。

クイックアクセスツールバーとは、エクスプローラーの左上（タイトルバーの左）に並んでいる小さなアイコン群のことです。ここに自分がよく利用するコマンドのアイコンを登録しておけば、わざわざリボンを表示せずとも、ワンクリックでコマンドを実行できるようになります。

例えば、「ZIP圧縮」のコマンドを登録しておけば、登録したアイコンをクリックするだけでZIP圧縮を実行できる、という具合です。しかも、**クイックアクセスツールバーのアイコンには、左からショートカットキー** Alt **＋［数字］キー（メインキー側）が割り当てられている**ため、簡単なショートカットキーでリボンコマンドを即座に実行できるようになります。

クイックアクセスツールバーに登録する

任意の**リボンコマンドを「クイックアクセスツールバー」に登録したい場合には、任意のリボンコマンドを右クリックして、ショートカットメニューから「クイックアクセスツールバーに追加」を選択**するだけです。これで、よく利用するコマンドを素早く実行することが可能になります。

➔ 「クイックアクセスツールバー」を活用する

エクスプローラーの左上をよく見ると、小さなアイコンが並んでいる。一番左はフォルダーの種類を示すエクスプローラーアイコンなのだが、その右からが「クイックアクセスツールバー」である。

◎クイックアクセスツールバーへの登録

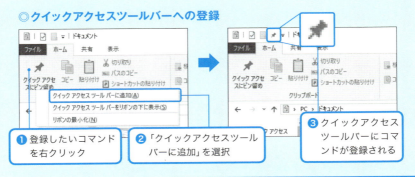

❶ 登録したいコマンドを右クリック
❷ 「クイックアクセスツールバーに追加」を選択
❸ クイックアクセスツールバーにコマンドが登録される

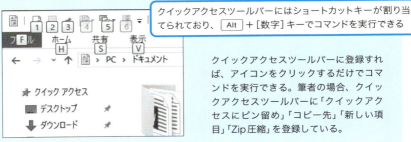

クイックアクセスツールバーにはショートカットキーが割り当てられており、Alt + [数字]キーでコマンドを実行できる

クイックアクセスツールバーに登録すれば、アイコンをクリックするだけでコマンドを実行できる。筆者の場合、クイックアクセスツールバーに「クイックアクセスにピン留め」「コピー先」「新しい項目」「Zip圧縮」を登録している。

📅 習慣 **074**

「ファイルの選択」は
キーボードで行う

ファイルの選択もキーボードで自由自在

　エクスプローラーの操作は、ファイルを選択してから目的の操作を行うのが基本です。例えばファイルを移動したい場合は、先に移動したいファイルを選択して、移動操作を実行します（P.164参照）。

　このとき、複数のファイルを選択すれば一気に移動できますが、この「複数ファイルの選択」もキーボードを使えば簡単に行うことができます。

　例えば、**フォルダー内のファイルを個別に複数選択したいという場合は、Ctrl ＋クリックで任意のファイルを選択**できます。

　また、複数のファイルを一気に選択したい場合はドラッグが一般的ですが、**始点となるファイルを選択後、Shift ＋カーソルキーを入力すれば、ファイルを範囲選択**することができます。または**始点ファイルを選択後、終点となるファイルを Shift ＋クリックでも範囲選択**が可能です。

ファイルやフォルダーを一気に全選択する

　現在表示している**ファイルやフォルダーをすべて選択したい場合にはショートカットキー Ctrl ＋ A キー**（A は All の「A」）を入力します。

　応用技として、Ctrl ＋ A キーで全選択後、除外したいファイルを Ctrl ＋クリックすれば、クリックしたファイルのみを選択解除できます。フォルダーやファイルが混在している状況で「ファイルだけを選択したい」という場合などに重宝します。

156

ファイルをキーボードで選択する

Ctrl ＋クリックで複数ファイルをピンポイントで選択できる

❶ 始点となるファイルをクリック

❷ 終点となるファイルを Shift ＋クリックすれば、その間のファイルも一気に選択できる

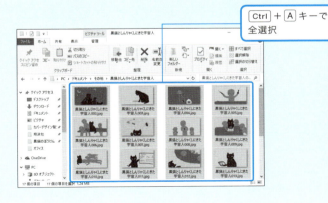

Ctrl ＋ A キーで全選択

ファイルを探す無駄をゼロにする15の習慣

157

習慣 075
ファイルの「拡張子」を表示しておく

　エクスプローラーでは、**必ず「ファイルの拡張子」を表示**しておきましょう。

　「拡張子」とは、ファイルの種類を示す「.」（ドット）以下の文字列のことです。例えばWordファイルであれば「.docx」、Excelファイルであれば「.xlsx」というように、ファイルによって拡張子が決まっています。つまり**拡張子を見れば、「それが何のファイルなのか」（何のアプリで開けるか）を一発で識別できる**というわけです。

　ファイルの拡張子は、**エクスプローラーの「表示」タブで、「ファイル名拡張子」にチェック**をつければ表示できます。

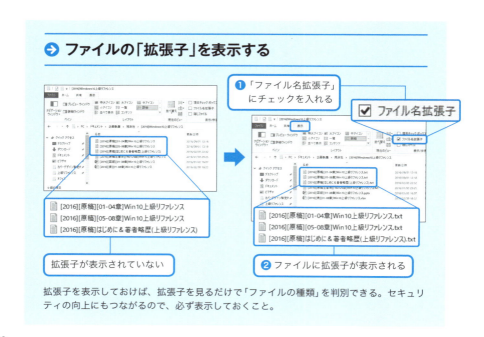

拡張子を表示しておけば、拡張子を見るだけで「ファイルの種類」を判別できる。セキュリティの向上にもつながるので、必ず表示しておくこと。

習慣 076
ファイル名は キーボード一発で変更する

ファイル名の変更を一発で行う

　エクスプローラー上の「ファイル名」を変更したい場合、ファイルをクリックして選択後にもう1回クリックするか（このタイミングが難しい）、右クリックから操作する必要があります。しかし、これでは手間がかかるので、F2 キーを使う習慣をつけましょう。**ファイルを選択後、F2 キーを押せば、名前の変更を行うことができます。**

　また、「現在のファイル名を活かしたまま、先頭に文字列を追加したい」という場合は、F2 キーを入力後に Home **キーを押せば、文字列の先頭にカーソルを移動**できます。「請求書.xlsx」というファイルを「翔泳社-請求書.xlsx」にしたい場合などに重宝するテクニックです。

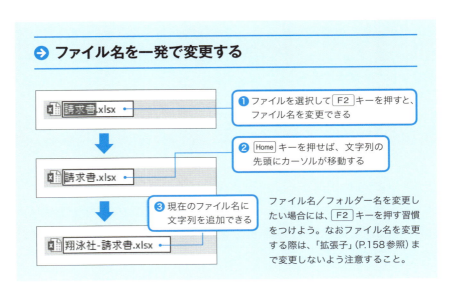

ファイル名を一発で変更する

❶ ファイルを選択して F2 キーを押すと、ファイル名を変更できる

❷ Home キーを押せば、文字列の先頭にカーソルが移動する

❸ 現在のファイル名に文字列を追加できる

ファイル名／フォルダー名を変更したい場合には、F2 キーを押す習慣をつけよう。なおファイル名を変更する際は、「拡張子」（P.158参照）まで変更しないよう注意すること。

習慣 077

わかりやすい「ファイル名」と「フォルダー分け」にする

「フォルダー」でファイルを仕分けて整理する

パソコンを使っていると、様々なファイルが溜まっていきます。これらのファイルをデスクトップに放置したり、「ドキュメント」フォルダーなどに片っ端から放り込んだりすると、収拾がつかなくなってしまいます。

そこで、**溜まったファイルは「フォルダー分け」して分類**するようにしましょう。

「新しいフォルダー」は、ショートカットキー Ctrl + Shift + N **キーで一発作成できます。**

どのようにフォルダー分けするかは業務次第ですが、とにかく「あとで探しやすいこと」を意識して下さい。「取引先別」「業務別」など、自身がわかりやすいように分類します。ちなみに筆者は執筆業なので、執筆データは「企画執筆」というフォルダーを作り、その中に「出版社別」のフォルダーを作成して分類するようにしています。

わかりやすい「ファイル名」をつける

「フォルダー名」や「ファイル名」も、あとから探しやすいように命名します。年月を付記してもよいですし、[画像][図版][原稿]のように、ファイルの種類をつけておいてもよいでしょう。また、**長すぎるファイル／フォルダー名は逆に探しづらくなるので、全般的に略記するなどしてなるべく短い名前をつける**ようにして下さい。

わかりやすいフォルダー分け&ファイル名で管理する

◎フォルダーの作成

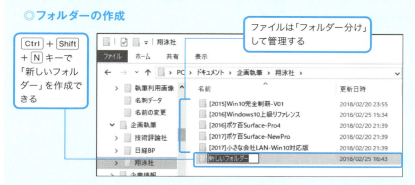

新しいフォルダーはショートカットキー Ctrl + Shift + N キーで一発作成できる。フォルダーを「取引先名」「プロジェクト名」などで分けて、データファイルをわかりやすく管理する。

◎フォルダー管理の工夫

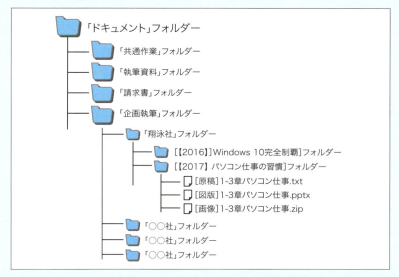

ファイルはわかりやすい分類でフォルダー分けする。あまり深い階層にすると探しづらいので「3～4階層」程度が目安。また、あとから探しやすい「フォルダー名」や「ファイル名」にしておくのもポイントだ。

161

📅 習慣 **078**

ファイルの中身は「開かず」に確認する

開かずにファイル内容を確認する3つの方法

　ファイルをダブルクリックで開けば中身が確認できますが、複数あるファイルの中で「どれが目的のファイルなのかわからない」という場合に、いちいち「開いて→閉じて→開いて」を繰り返すのは時間の無駄です。

　そこで、**ファイルの中身は「開かず確認する」習慣**をつけましょう。

●**「アイコン」表示で確認**

　エクスプローラーの表示を**「特大アイコン」または「大アイコン」にすれば（P.148参照）、ファイルがサムネイル表示**になるので、ファイルの内容を確認できます（画像／PowerPointファイルなど）。

●**「プレビューウィンドウ」で確認**

　ショートカットキー Alt + P キー（P はPreviewの「P」）で「プレビューウィンドウ」が表示され、選択したファイルの内容を確認できます。WordやExcelファイルの中身も確認できるので便利です。

●**「詳細ウィンドウ」で確認**

　ショートカットキー Alt + Shift + P キーで「詳細ウィンドウ」が表示されます。写真であれば「撮影日時」「画像サイズ」、WordやExcelであれば「タイトル」「作成者名」「更新日時」「ページ数」などが表示されるため、詳細な内容を一発で確認できて便利です。

ファイルの中身を「開かず」に確認する

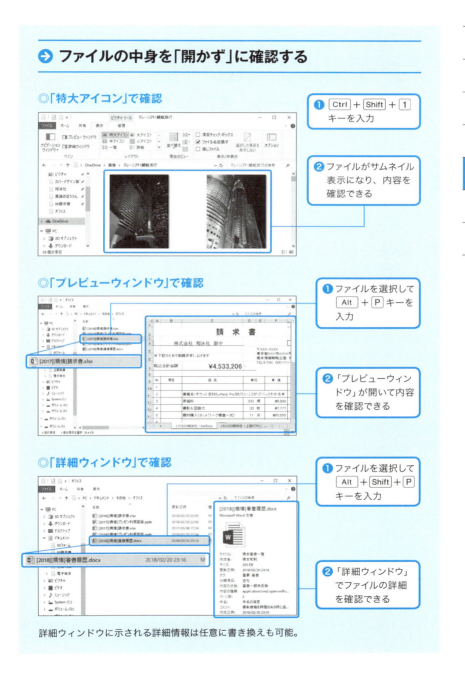

◎「特大アイコン」で確認

❶ Ctrl + Shift + 1 キーを入力

❷ ファイルがサムネイル表示になり、内容を確認できる

◎「プレビューウィンドウ」で確認

❶ ファイルを選択して Alt + P キーを入力

❷ 「プレビューウィンドウ」が開いて内容を確認できる

◎「詳細ウィンドウ」で確認

❶ ファイルを選択して Alt + Shift + P キーを入力

❷ 「詳細ウィンドウ」でファイルの詳細を確認できる

詳細ウィンドウに示される詳細情報は任意に書き換えも可能。

習慣 079
ファイルのコピーは
ショートカットキーで行う

▌ドラッグ＆ドロップは「誤操作」の原因

　エクスプローラーでファイルやフォルダーをコピー／移動するときは、目的の場所に「ドラッグ＆ドロップ」するのが基本です。しかし、ドラッグ＆ドロップは誤操作の要因になりやすいという欠点があります。

　なぜなら、ドラッグ＆ドロップはコピー元とコピー先が同一ドライブなら「移動」、異なるドライブなら「コピー」という特性を持っているからです。つまり、コピーするつもりが移動になったり、移動するつもりがコピーになったりする可能性があるわけです。

　これを回避するには、**ドラッグしたのち「コピー」したければ** Ctrl **＋ドロップ、「移動」したければ** Shift **＋ドロップで明示的に移動かコピーかを指定する**という手がありますが、間違いやすい操作であることには変わりありません。

▌ショートカットキーで素早く確実にコピー＆移動

　そこで登場するのが、やはりショートカットキーの活用です。

　ファイルをコピーしたい場合は、コピーしたいファイルを選択してショートカットキー Ctrl **＋** C **キーを入力。その後「コピー先」のフォルダーを開き、** Ctrl **＋** V **キーを入力すれば、ファイルを「コピー」できます。**

　同じように、 Ctrl **＋** X **キーを入力し、移動先で** Ctrl **＋** V **キーを入力すれば、ファイルの「移動」を行うことができます。**

ショートカットキーでファイルをコピー／移動する

◎ファイルの「コピー」

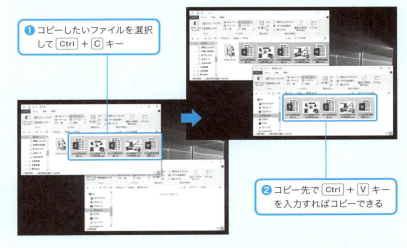

❶ コピーしたいファイルを選択して Ctrl + C キー

❷ コピー先で Ctrl + V キーを入力すればコピーできる

◎ファイルの「移動」

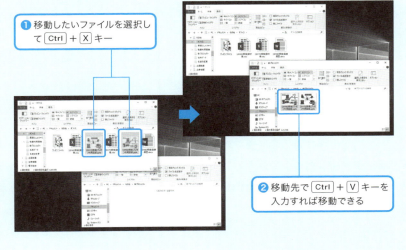

❶ 移動したいファイルを選択して Ctrl + X キー

❷ 移動先で Ctrl + V キーを入力すれば移動できる

習慣 080

ファイルコピーを
「コピー先指定」で行う

わかりやすくてやさしいコピー方法

　ショートカットキーによる「コピー」「移動」は確実＆素早いので便利ですが、Ctrl + C ／ Ctrl + X キーを入力後、「コピー／移動先のフォルダーを開く」という作業が必要です。これを「面倒くさい」と感じるならば、**リボンコマンドを使うことで、コピー／移動先フォルダーを開くことなくファイル操作ができます。**

　リボンコマンドでコピー（移動）を行うには、対象ファイルを選択後、「ホーム」タブを開きます（Alt + H キーで表示できます、P.152参照）。**「ホーム」タブの「整理」内で「コピー先」（移動の場合は「移動先」）をクリックすると、「主要なフォルダー」や「履歴」がリスト表示されるので、任意のフォルダーを選択すればコピー（移動）が完了します**（リスト内にコピー先のフォルダーがない場合は、ドロップダウンから「場所の選択」を選択すれば、任意のフォルダーを指定することも可能です）。

　この操作は非常にわかりやすく、また「わざわざコピー／移動先のフォルダーを開く必要がない」という意味で、重宝する操作です。

　ちなみにこの操作はショートカットキーで行うことも可能です。**「コピー」ならば、ショートカットキー Alt + H → C → F キー、「移動」ならば Alt + H → M キーと入力すれば、コピー／移動先のフォルダー候補をリスト表示できます。**

　あとはカーソルキーでフォルダーを選択し、Enter キーを押せばコピー／移動が完了します。

⊖「コピー先を指定」してファイルコピーする

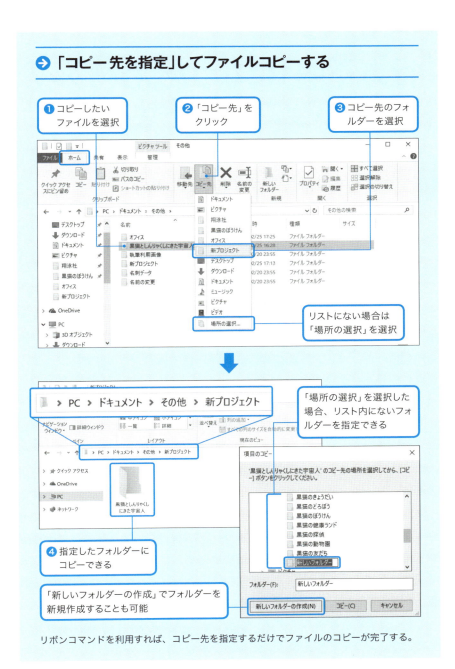

リボンコマンドを利用すれば、コピー先を指定するだけでファイルのコピーが完了する。

習慣 081

「行方不明」になったファイルの検索はパソコンに任せる

「ファイル検索」でファイルを探し出す

「あのファイル、どこに保存したっけ？」……そんなとき、パソコン内のフォルダーを開いて探すのは時間の無駄です。**ファイルを探したい場合は、「ファイル検索」を活用し、パソコンに任せる習慣**をつけましょう。

まず、エクスプローラーで「心当たりのフォルダー」（「ドキュメント」フォルダーなど）を表示します。その後、**アドレスバーの右にある「検索ボックス」に探したいファイルのキーワード（ファイル名の一部かファイル内容の一部）を入力すれば検索結果が一覧で表示**でき、目的のファイルを探し出すことができます。

検索対象には、「ファイル名」だけでなく「ファイルの内容」も含まれます。例えば「翔泳社」で検索した場合、ファイル名に「翔泳社」という文字列が含まれなくても、データファイル内（WordやExcelなどのファイル内）に「翔泳社」の文字列が含まれていれば、そのファイルも検索結果に表示されるので大変便利です。

また、「保存したフォルダーの見当もつかない」という場合は、**ナビゲーションウィンドウで「PC」や任意のドライブを選択すれば、パソコン全体や任意のドライブを検索することができます。さらに、エクスプローラーで検索した場合、 Alt ＋ P キーで「プレビューウィンドウ」（P.162参照）を表示すれば、ファイルを開かずとも内容を確認できるので便利**です。

なお、検索精度は劣りますが、**「Cortana」（コルタナ）に検索キーワードを入力してファイルを探る方法**もあります。

ファイル検索はパソコンに任せる

◎エクスプローラーで検索する

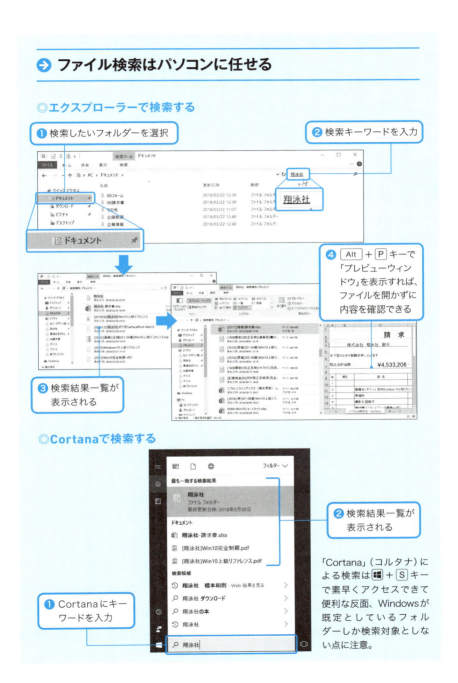

◎Cortanaで検索する

「Cortana」（コルタナ）による検索は ⊞ + S キーで素早くアクセスできて便利な反面、Windowsが既定としているフォルダーしか検索対象としない点に注意。

習慣 082

よく利用するフォルダーに一発でアクセスする

▎フォルダーを「クイックアクセス」に登録する

パソコンで仕事をしていると、おのずと「よく利用するフォルダー」が決まってきます。よく利用するフォルダーは、**エクスプローラーの「クイックアクセス」に登録する習慣**をつけましょう。

「クイックアクセス」とは、エクスプローラーのナビゲーションウィンドウ最上部にあるショートカット群のことです。

ここに「よく利用するフォルダー」を登録すれば、より素早くフォルダーにアクセスできるようになります。登録したフォルダーは、タスクバーのエクスプローラーアイコンを右クリックした際に表示される「ジャンプリスト」にも表示されるので、ここからのアクセスにも便利です。

クイックアクセスに登録するには、エクスプローラーでフォルダーを右クリックして（または 🖰 （アプリ）キー）、ショートカットメニューから「クイックアクセスにピン留め」を選択すればOK です（より素早く登録したい場合にはショートカットキー Alt ＋ H → P → I キーを入力します）。

ちなみにクイックアクセスには、「あらかじめ登録されているフォルダー」も存在します。操作性を高めたいなら、「あまり使わないフォルダー」は、クイックアクセスの登録を外しておくとよいでしょう。**任意のクイックアクセス項目を右クリックして（または 🖰 （アプリ）キー）、ショートカットメニューから「クイックアクセスから削除」を選択すれば、一覧から外すことができます。**

➡ よく使うフォルダーは「クイックアクセス」に登録する

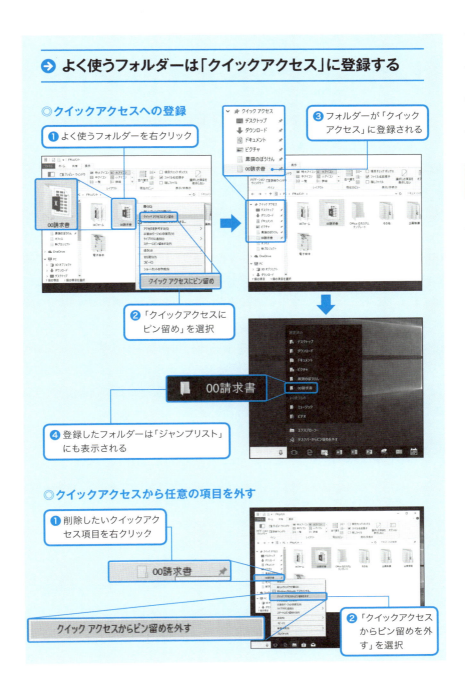

習慣 **083**

「ショートカットアイコン」を上手に活用する

ショートカットアイコンの作成

よく使うフォルダーへのアクセスは、「クイックアクセス」（P.170参照）への登録のほか、**デスクトップに「ショートカットアイコン」を配置する**という手もあります。デスクトップにはあまりモノを置かないのが原則ですが（P.32参照）、「現在作業中」の仕事があれば関連データをフォルダーにまとめておき、デスクトップにそのフォルダーのショートカットアイコンを作っておくことで、素早くアクセスすることが可能になります。

ショートカットアイコンの作成は簡単で、**フォルダーを右クリックして（または▦（アプリ）キー）、ショートカットメニューから「送る」→「デスクトップ（ショートカットを作成）」を選択**するだけです。

ショートカットキーを割り当てればさらに快適！

デスクトップに作成したショートカットアイコンはダブルクリックで開くことができますが、筆者は「主作業フォルダー」にはショートカットキーを割り当てるようにしています。そうすれば、自身で定義したショートカットキー一発で作業フォルダーを開けるからです。

ショートカットキーを割り当てるには、ショートカットアイコンを右クリックして（または▦（アプリ）キー）、ショートカットメニューから「プロパティ」を選択し、プロパティ画面の「ショートカットキー」欄で任意のショートカットキーを割り当てるだけです。

ショートカットアイコンを活用する

◎デスクトップにショートカットアイコンを作成する

❶ フォルダーを右クリック

❷ 「送る」から「デスクトップ（ショートカットを作成）」を選択

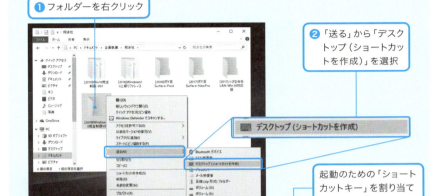

起動のための「ショートカットキー」を割り当てることも可能

❸ デスクトップにショートカットアイコンが作成される

ショートカットアイコンは、任意のフォルダーをデスクトップに Alt +ドロップしても作成できる。

◎筆者のショートカットキー割り当て例

ショートカットアイコン	ショートカットキー
「第一優先作業」のフォルダー	Ctrl + Alt + W キー（W はWorkの「W」）
「第二優先作業」のフォルダー	Ctrl + Alt + S キー（S はSecondの「S」）

「現在作業中のフォルダー」はショートカットアイコンをデスクトップに置いておくとよい。また、中でも主作業フォルダーに「任意のショートカットキー」を割り当てておけば、素早く主作業関連データにアクセスできて超効率的だ。

ファイルを探す無駄をゼロにする15の習慣

173

コラム エクスプローラーをより使いやすくする

　エクスプローラーは日常的に使うので、自分が使いやすいようにカスタマイズしておくとよい。エクスプローラーのカスタマイズはエクスプローラーの「表示」タブで「オプション」をクリックすることで行える（あるいはコントロールパネルから「エクスプローラーのオプション」をクリック）。

　例えば、エクスプローラーを起動すると標準では「クイックアクセス」の項目が表示されるが、「全般」タブ内、「エクスプローラーで開く」のドロップダウンから「PC」を選択すれば、起動時の画面を「PC表示」にできる。

　このほか、クイックアクセスの「最近使用したファイル」や「よく使用するフォルダー」（履歴表示）の表示／非表示など、様々なカスタマイズが可能だ。

◎「フォルダーオプション」の画面

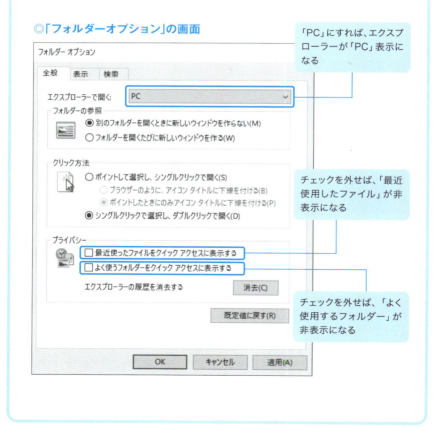

> Chapter 6

メール操作の
無駄をゼロにする
8の習慣

本章では、汎用的なメールでのテクニックを解説しますが、
操作や設定についてはWindows 10標準アプリ「メール」に準拠しています。
その他のメールアプリでも基本的な操作や概念は同様になりますが、一部の手順は異なる場合があります。

習慣 084
メールには「署名」を準備しておく

　ビジネスメールならば、メールに「署名」をつけておきましょう。**自分の名前や会社名、会社の住所やURL、Facebookのアカウントなど、必要な情報を「署名」として記述しておくと、その後のやり取りがスムーズに進みます。** 一度「署名」を設定すれば、次にメール作成画面を開くと、署名が自動的に付記されるようになります。

　なお、署名には会社などの情報を記入する方法が一般的ですが、裏技として、「お世話になっております、○○社の△△です」のように、ビジネスの常套句を署名の文頭に記述しておくという手もあります。こうすれば、メールを書くたびに、いちいちそれらの常套句を書く手間が省けるからです。

➡ メールに「署名」を設定する

❶「⚙」をクリック　❷「署名」を選択　❸「電子メールの署名を使用する」がオンになっていることを確認　❹任意の「署名」を記入する

習慣 085
同じメールを何度も送る手間を省く

　複数の相手に同じ内容のメールを送る場合、何度も送信作業を繰り返すのは面倒です。そんなときは、「CC（Carbon Copy）」や「BCC（Blind Carbon Copy）」機能を利用します。**「CC」や「BCC」にメールアドレスを記載すれば、同じメールを複数の人に一括送信できます。**「CC」と「BCC」の違いは、「メールを受け取った人が他者のメールアドレスを見られるかどうか」です。「CC」はメールアドレスを見ることができ、「BCC」は見ることができません。よって、社内への一斉送信など、メールアドレスを共有してもいい場合は「CC」を、社外の人へ一斉送信する場合は「BCC」を使うようにするとよいでしょう。なお「BCC」でも、「宛先」に指定したメールアドレスはメールを受け取ったすべての人が確認できてしまうため、**BCCで送信する場合の宛先は「自分のメールアドレス」にしておくこと**をオススメします。

➡ CC／BCCで複数の人にメールを一括送信する

「CC欄」にメールアドレスを入力する

「BCC」欄にメールアドレスを入力する

「CC」または「BCC」を利用すれば、複数の人に同じメールを一括送信できる。社内スタッフや、同一プロジェクトメンバーへの一括送信であればアドレスが見える「CC」を、匿名性が求められるなら「BCC」を利用するとよい。

習慣 **086**

メールアドレスや会社名、名前は「手入力」しない

　ビジネスメールでは、相手のメールアドレス、会社名、名前などの「手入力」は極力避けましょう。メールアドレスの手入力は誤送信の原因になりますし、大事なプロジェクトで取引先の会社名や名前を間違えると、致命的な事態になりかねません（特に取引先の社名や人名が間違えやすい漢字やカタカナの羅列である場合には注意が必要）。

　すでにメールをやり取りしたことがある相手ならば、**「新規作成」ではなく、「返信」を利用**します。そうすれば、手入力することなく、メールアドレスを確実に指定できます。

　また、**社名や人名も、相手のメールに付記されている「署名」や、取引先サイトの会社情報などからコピーする**ようにして下さい。とにかく確実な情報を記述するためには、**「手入力を避ける」という習慣**をつけることが大切です。

➡ 取引先情報を間違えないための工夫

「新規作成」ではなく「返信」を利用する

相手の「署名」から社名や人名をコピーする

株式会社翔泳社
第１書籍編集部第４課
齋藤昌和（サイトウマサカズ）

メールアドレスや会社名、個人名などの「誤入力」はあってはいけない。誤記を防ぐためには「なるべく手入力しない」という心がけが肝心だ。

習慣 087
送受信メールは「スレッド表示」にしない

　最近のメールは、送受信メッセージの表示が「スレッド表示」になっています。スレッド表示とは、「同じ件名」で相手と何度かやり取りした場合、その一連のやり取りがグループ化されて表示される機能です。「同じ話題のメールをまとめて表示できる」という意味では確かに便利なのですが、やり取りが連続すると「メールの見落とし」も発生しやすいのが欠点です。

　筆者は、**メールはスレッド表示ではなく、「時系列」で表示する**ようにしています。時系列に並べれば、**シンプルに「送受信した順番」にメールが並ぶため、「うっかり見落とし」を防ぐことができます。**

➡ スレッド表示を「オフ」にする（時系列に並べる）

ここではWindows標準アプリの「メール」で解説したが、Gmailでも「設定」の「全般」タブ内、「スレッド表示」をオフにすることで時系列に並べることができる。

メール操作の無駄をゼロにする8の習慣

習慣 088
「大きすぎるファイル」はメールに添付しない

　メール作成画面にファイルをドロップしたり、「挿入」や「ファイルを添付」などのアイコンをクリックしたりすれば、メールに「ファイル」を添付することができます。打ち合わせに必要なファイルは、あらかじめ添付して相手に送信しておくとスムーズに話を進めることができるでしょう。

　ただし、「添付ファイルの容量」には注意が必要です。容量が大きすぎるファイルは、場合によってはメールサーバに受け取りを「拒否」されることがあります。**メールに添付するファイルは1～2MB程度に留めておく**とよいでしょう（一般的なWordやExcelなどのデータファイルは、画像を多数貼り付けない限り数百KB程度なので問題ありません）。

　大きいサイズのファイルを送信したい場合には、無料のファイル転送サービス（「宅ふぁいる便」など）を利用するようにしましょう。

ファイルを相手に送りたいときは……

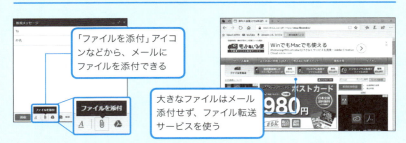

「ファイルを添付」アイコンなどから、メールにファイルを添付できる

大きなファイルはメール添付せず、ファイル転送サービスを使う

ちょっとしたファイルは、メールに添付して送ると便利。ただし、容量の大きいファイルは、「宅ふぁいる便」(https://www.filesend.to) などの無料ファイル転送サービスを利用したほうがよい。

習慣 089
オフラインでもメールを
チェックできるようにする

　GmailやYahoo!メールなどの「Webメール」は、Webブラウザさえあればどこでもメールを確認できて便利な反面、基本的にオンライン（インターネット接続状態）でしか利用できません。しかし、**Webメールをメールアプリでも利用できるようにしておけば、送受信済みのメールはインターネットに接続できない状況でも確認できる**ようになるので便利です。

　Webメールをメールアプリで管理したい場合、Windows標準アプリ「メール」を活用します。**「メール」から「設定」→「アカウントの管理」→「アカウントの追加」と選択し、任意のアカウントを選択します。あとはウィザードに従うだけでOK**です。Gmail（Googleアカウント）であれば「Google」を選択し、Googleアカウントとパスワードを入力するだけで、簡単にメッセージ管理が可能になります。

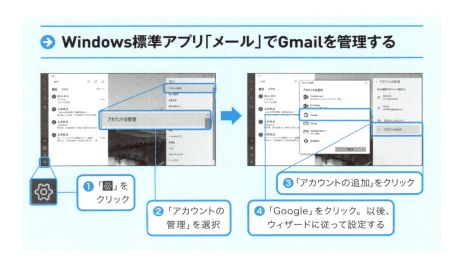

➡ **Windows標準アプリ「メール」でGmailを管理する**

❶「⚙」をクリック
❷「アカウントの管理」を選択
❸「アカウントの追加」をクリック
❹「Google」をクリック。以後、ウィザードに従って設定する

習慣 090

メールアプリの操作は
ショートカットキーで済ませる

ショートカットキーで快適コミュニケーション

「新規作成」「返信」など、**メールで日常的に行う操作は、ショートカットキーで操作する習慣**をつけましょう。そちらのほうが断然素早いからです。割り当てられているショートカットキーは利用しているメールアプリによって異なりますが、一般的なメールアプリでの操作を紹介します。

●**メールの「新規作成」と「送信」**

メールの「新規作成」は Ctrl + N キー（N はNewの「N」）で行えます。作成後、Alt + S キー（S はSendの「S」）を入力すれば、「送信」になります。

●**メールの「返信」**

メールの「返信」は Ctrl + R キー（R はReturnの「R」）、「全員に返信」したい場合は Ctrl + Shift + R キーです。

● **「既読」「未読」の指定**

メールを「既読」にしたければ、カーソルキーでメールを指定して Ctrl + Q キー、逆に「未読」にしたければ Ctrl + U キーを入力すればOKです。

また Ctrl + A でメールを全選択したあと、Ctrl + Q キーを入力すれば、すべてのメールをまとめて「既読」にすることも可能です。

メールアプリの操作は「ショートカットキー」で行う

◎メールの「新規作成」「送信」

Ctrl + N キーで「新規作成」

Alt + S キーで「送信」

◎メールの「返信」

❶ 返信したいメールを表示して Ctrl + R キー（「全員に返信」なら Ctrl + Shift + R キー）

❷ 指定したメールに返信できる

◎メールの「既読」「未読」

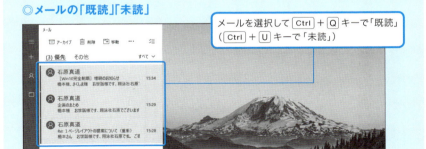

メールを選択して Ctrl + Q キーで「既読」（Ctrl + U キーで「未読」）

各種メール操作は、ショートカットキーのほうが断然速い。なお、Webブラウザ上のメール管理では各種ショートカットキーを利用できないが、WebメールをWindowsの「メール」で管理すれば、ショートカットキーを活用できるようになる（詳しくはP.181参照）。

📅 習慣 # 091

メールアカウントが
正常かどうかを一発で確認する

メールアプリでメールアカウント管理を始める際（新しくパソコンを購入したときや、新しいメールアドレスを取得したときなど）は、送受信が正常に行えるかどうかが不安です。

「自分のメールアカウントが正常かどうか」を確認する最も簡単な方法は、「自分自身にメールを送ること」です。

メールアプリの「メールアカウント設定」が正常でなければ、メッセージを送受信することができません。逆にいえば、自分宛に送信したメールをきちんと受信できれば、自分のメールアカウントが正常であることを確認できるのです。

→ **メールアカウントの正常動作を確認する**

❶「自分宛」にメールを送信する

❷ 無事自分に届いたらアカウントは「正常」ということになる

自分のメールアカウントが正常かどうかを確認したい場合は「自分宛」にメールを送る。なお、「自分宛のメール」は、出先でやるべきタスクを思い出したり、何かよいアイデアを思いついたときのリマインドとしても活用できる。

> Chapter 7

情報収集の
無駄をゼロにする
21の習慣

本章では、各種Webブラウザでの汎用的なテクニックを解説しますが、操作や設定についてはWindows 10標準アプリ
「Microsoft Edge」と「Chrome」を取り上げて解説します。その他のWebブラウザでも基本的な操作や概念は
同様になりますが、一部の手順や仕様はバージョンアップにより変更になる場合があります。

習慣 092
リンクは「新しいタブ」で表示する

「タブ表示」で無駄のない情報収集を!

調べ物などでWeb検索を行うと、検索結果がずらりと一覧表示されます。リンクをクリックすれば該当のWebページにジャンプしますが、「もう一度検索結果に戻りたい」という場合は、検索し直すか「戻る」ボタンで検索結果一覧まで戻る必要があります。これは時間の無駄です。

そこで、**検索結果一覧ではそのままクリックするのではなく、Ctrl＋クリックする習慣**をつけましょう。そうすれば、**検索結果一覧を表示したまま、リンク先を新しいタブで開くことができます。**

タブにはショートカットキーが割り当てられていることも見逃せません。**タブを切り替えたい場合には、Ctrl＋[数字]キー（メインキー側）で目的のタブに移動**することができます。また、**右側のタブにはショートカットキー Ctrl＋Tab キーで、左側のタブにはショートカットキー Ctrl＋Shift＋Tab キーで移動**することが可能です。

筆者が情報収集するときは、必要なリンクをすべて Ctrl＋クリックして複数のタブを展開してから、Ctrl＋9 キーで最後のタブ（一番右のタブ）に移動します。**見終えたら Ctrl＋W キーを入力すれば、タブを閉じて「閉じたタブの1つ手前のタブ」を表示できる**ので、この手順を繰り返して複数タブを効率的に閲覧することを習慣にしています。

なお、Ctrl＋W キーでタブを閉じていると「必要なタブまで閉じてしまう」というミスを犯しがちですが、**閉じた直後であれば Ctrl＋Shift＋T キーで閉じたタブを復活できます**（対応Webブラウザのみ）。

⊖ リンクを「タブ」で開く

◎ Ctrl +クリックでリンクを開く

❶ リンクを Ctrl +クリック

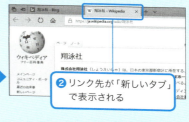
❷ リンク先が「新しいタブ」で表示される

検索結果画面から複数のWebページを参照したい場合、検索結果一覧のリンクを Ctrl +クリックすれば、バンバン新しいタブでリンクを開くことができる。

◎「タブ」に割り当てられたショートカットキー

Ctrl + 1 キー　　Ctrl + 2 キー　　最後のタブは Ctrl + 9 キー

タブにはショートカットキー Ctrl +[数字]キーが割り当てられており、キーボードでタブを移動できる。

◎ 読み終えたタブは Ctrl + W キーで閉じる

❶ Ctrl + W キーを入力
❷ タブが閉じ、1つ隣のタブに移動する

一番右のタブにショートカットキー Ctrl + 9 キーで移動して、 Ctrl + W キーで読み終えたタブを閉じていけば、「ガンガン開いてガンガン読む」ことができる。

📅 習慣 # 093

Webサイトを見比べたいときは「新しいウィンドウ」で表示する

Webブラウザを別ウィンドウで並べる

複数のWebサイトを流し読みたいときは「タブ」が最適ですが、時には「Webサイトを見比べたい」というケースもあるでしょう。こんなとき、タブは同一ウィンドウ内での切り替え表示となるため不便です。筆者は、Webサイトを並べて閲覧したいときは、3つの手段を使い分けています。

まず、**現在参照しているWebサイトのリンクを別ウィンドウで開きたいときは、そのリンクを Shift ＋クリック**します。こうすれば、リンク先を新しいウィンドウで開くことができ、「リンク元」と「リンク先」を並べて閲覧することが可能になります。

すでにタブとして開いている（今見ている）Webサイトを別ウィンドウで開きたいときは、「該当のタブをドラッグしてデスクトップにドロップ」することで、別ウィンドウで開くことが可能です。

また、**「新規ウィンドウ」を別ウィンドウで起動したいときは、Webブラウザ上でショートカットキー Ctrl ＋ N キー**（N はNew browserの「N」）を入力します。または**タスクバーにあるWebブラウザのタスクバーアイコンを Shift ＋クリック**しても、新規ウィンドウを開くことができます。

どの手順を用いた場合でも、「並べて見比べる」という目的であれば、ウィンドウスナップ（P.48参照）を用いることで、デスクトップ上にきれいにWebサイトを並べて情報収集することができます。Webサイト同士を見比べたい場合はもちろん、あるWebサイトを参照しながら別のWebフォームに情報入力したい場面などにも重宝します。

➔「別ウィンドウ」でWebサイトを表示する

◎「リンク先」を別ウィンドウで表示する

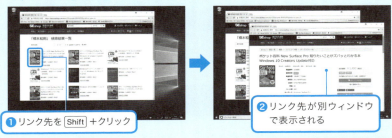

❶ リンク先を Shift +クリック

❷ リンク先が別ウィンドウで表示される

リンクを新しいウィンドウで表示したい場合には、リンクを Shift +クリックすればよい。「新しいタブ」でのリンク表示は Ctrl +クリック、「新しいウィンドウ」でのリンク表示は Shift +クリックと覚えておくとよい。

◎「タブ」を別ウィンドウで表示する

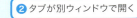

❶ 別ウィンドウで開きたいタブをデスクトップにドロップ

❷ タブが別ウィンドウで開く

すでにタブで表示しているWebサイトを別のウィンドウで表示したい場合は、該当タブをデスクトップにドラッグ&ドロップすればよい。

◎「新規ウィンドウ」を別ウィンドウで起動する

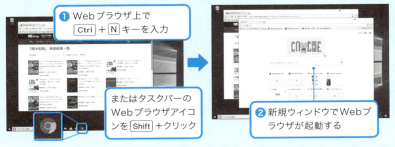

❶ Webブラウザ上で Ctrl + N キーを入力

またはタスクバーのWebブラウザアイコンを Shift +クリック

❷ 新規ウィンドウでWebブラウザが起動する

Webブラウザ上で Ctrl + N キーを入力するか、タスクバーアイコンを Shift +クリックすれば、現在のWebブラウザの表示を残したまま、新しいウィンドウでWebブラウザを起動できる。

習慣 094

よく見るWebサイトは「お気に入り」に登録する

よく見るWebサイトに即座にアクセス！

「日常的によくチェックするWebサイト」は、**「お気に入り（ブックマーク）」に登録する習慣**をつけましょう。そうすれば、Webサイトをいちいち検索する無駄を省けます。

「お気に入り」への登録方法はいくつかあります。**最も簡単なのが、該当Webサイトを表示した状態でアドレスバー横の「☆」マークをクリックする登録方法です。より素早く登録したい場合にはショートカットキー** `Ctrl` ＋ `D` キー（`D` はadD favoritesの「D」。`A` と `F` ともにほかの機能で予約されているため「D」になる）を入力します。

増えすぎた「お気に入り」はフォルダー分け！

「お気に入り」に登録するWebサイトが増えすぎると、逆に探し出すのに時間がかかってしまいます。**そこで習慣にしたいのが「お気に入りのフォルダー分け」**です。フォルダーに分ける際は、後日わかりやすいようにジャンル名で分類しておくと効果的です。**例えば「政治経済ニュース」「通販サイト」「PC情報サイト」などのフォルダーを作成したうえで、そのフォルダー内に該当するWebサイトをお気に入りとして登録**します。

なお、フォルダー分けは「お気に入り登録時」に任意フォルダーを指定する方法のほか、とりあえず適当な場所に登録したのちに、「お気に入りの一覧」内でドラッグ＆ドロップして分ける方法もあります。

➔ Webサイトを「お気に入り」に登録する

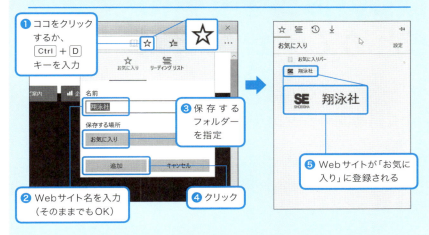

◎お気に入りをフォルダー分けする

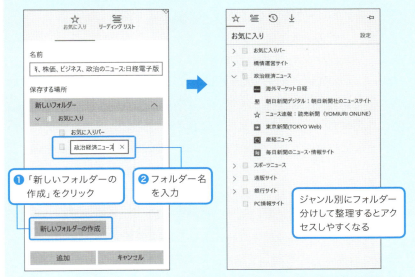

お気に入りは任意の「ジャンル名」フォルダーを作成したうえで、該当するWebサイトをお気に入りとして登録しておくと後で見つけやすい。こうすれば、タブで一括表示することも可能になる（P.192参照）。

習慣 095

欲しい情報を一気に まとめてチェックする

よく見る同一ジャンルのWebページを一気に開く

P.190で、お気に入りは「同一ジャンルのフォルダー」に分けて登録、という話をしましたが、**フォルダー内に登録されているお気に入りページは、一括表示することが可能**です。

やり方は簡単で、**「お気に入り」から任意のフォルダーを右クリックして（または 🖳（アプリ）キー）、ショートカットメニューから「すべて開く（すべてのブックマークを開く）」を選択するだけ**です。

こうすれば、そのフォルダー内にあるWebページが複数のタブで展開され、一気に同一ジャンルのWebサイトの情報をチェックできます。

ちなみに**「お気に入り」の一覧は、Ctrl + I キー（Chromeでは Ctrl + Shift + B キー）で素早く表示できます。**

筆者の場合、各ニュースサイトを「政治経済ニュース」「スポーツニュース」という形でお気に入りにフォルダー分けしており、毎朝これらを一括表示してその日のニューストピックをざっとチェックし、その日の会合やコンサルティング業務に役立てています。

それ以外にも、日用品、消耗品、PCパーツなど、「いつ買ってもよいものなので、安くなったときに買いたい」という通販アイテムの該当ページを「買い物フォルダー」に登録しておき、定期的に一括表示して価格動向を確認しています。

こうすれば、最安のタイミングで購入することができるからです。

お気に入りのWebページを一括表示する

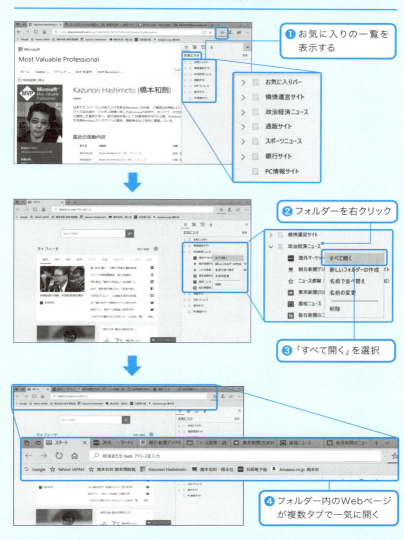

❶ お気に入りの一覧を表示する
❷ フォルダーを右クリック
❸ 「すべて開く」を選択
❹ フォルダー内のWebページが複数タブで一気に開く

お気に入りの一覧は Ctrl + I キー（Chromeでは「お気に入りバー」に統合された形で Ctrl + Shift + B キー）で表示できる。

習慣 **096**

よく見るWebサイトに
一瞬でアクセスする

「お気に入りバー」を活用する

よく利用するWebサイトは「お気に入り」に登録すればよいですが、1日に何度もチェックするような**「特によく見るWebサイト」**もあることでしょう。**そういうWebサイトは「お気に入りバー」（ブックマークバー）に登録しましょう。**お気に入りバーはWebブラウザの上部に常に表示されているため、ワンクリックで該当サイトに素早くアクセスできて便利です。

お気に入りバーは、ショートカットキー Ctrl + Shift + B **キー**（ B はBookmarkの「B」）**で表示できます。**

また、**「お気に入りバー」への登録は、お気に入りの登録フォルダーとして「お気に入りバー」を指定すればOK**です。

タスクバーや［スタート］メニューに登録する

Microsoft Edgeであれば、いつも利用するWebサイトを［スタート］メニューや「タスクバー」に登録することもできます。

Webサイトを表示した状態で「設定」から「タスクバーにこの項目をピン留めする」を選択すればタスクバーアイコンとして、「このページをスタートにピン留めする」を選択すれば［スタート］メニューの「タイル」として、ショートカットを登録できます。タスクバーや［スタート］メニューにピン留めしておけば、ワンクリックで該当Webサイトにアクセスすることができて便利です。

➡ 「お気に入り」バーにWebサイトを登録する

❷ [Ctrl] + [Shift] + [B] キーで「お気に入りバー」を表示

❶ お気に入りの登録先として「お気に入りバー」を指定

お気に入りバーに登録したWebサイトは、Webブラウザの上部に常に表示されるようになるので便利。なお、お気に入りバー内にフォルダーを作成すればフォルダー管理も可能だ。

❸ 「お気に入りバー」に登録したWebサイトが表示される

➡ タスクバーや[スタート]メニューに登録する

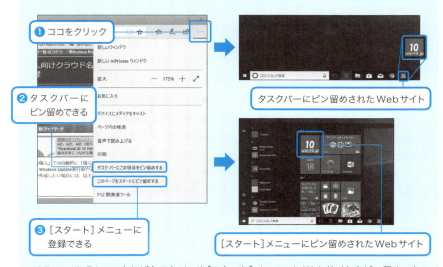

❶ ココをクリック

❷ タスクバーにピン留めできる

タスクバーにピン留めされたWebサイト

❸ [スタート]メニューに登録できる

[スタート]メニューにピン留めされたWebサイト

Microsoft Edgeであればタスクバーや[スタート]メニューにWebサイトをピン留めできる。特に頻繁にアクセスするWebサイトを登録しておくと便利だ。

習慣 **097**

「一度見たWebサイト」に
一瞬でアクセスする

Webブラウザの「履歴」を活用する

　よく訪れるWebサイトは「お気に入り」に登録しておけばアクセスできますが、時には「お気に入りには登録していなかったけど、あのWebサイトの情報をもう一度チェックしたい」というケースもあることでしょう。

　そのような場合は**「履歴」をたどる習慣**をつけましょう。

　実はWebブラウザには、「訪問履歴（Webサイトへのアクセス履歴）」が保存されているので、この履歴の一覧を表示すれば「一度見たことがあるWebサイト」にアクセスできるのです。

　「履歴の一覧」は、大抵のWebブラウザではショートカットキー Ctrl ＋ H キー（ H はHistoryの「H」）で表示できます。

　「履歴の一覧」で、該当Webページとおぼしきサイトが複数ある場合は、**Ctrl ＋クリックで次々と新しいタブを開いて各タブの内容を確認**するとよいでしょう。また、Webブラウザによっては履歴をキーワード検索することも可能です。

「ジャンプリスト」からアクセスする

　別のアプローチとして、「ジャンプリスト」を活用する方法もあります。ChromeなどのWebブラウザであれば、該当タスクバーアイコンを右クリックして、「ジャンプリスト」から「よくアクセスするページ」や「最近閉じたタブ」などにアクセスすることができます。

➔ Webブラウザの「履歴」を活用する

◎「履歴」を表示する

❶ [Ctrl] + [H] キーを入力

❷ アクセスしたWebページの「履歴」が表示される

履歴の一覧から任意の履歴をクリックすれば、該当Webサイトにアクセスできる。「これかな?」と思うものが複数あれば、[Ctrl] +クリックで全部開いてしまうとよい。

◎履歴を検索する(Chrome)

履歴をキーワード検索することも可能

[:] から、該当Webサイト関連のページのみに絞り込むことも可能

履歴の一覧から、検索などで任意のWebページを探すことも可能だ。

◎ジャンプリストを活用する(Chrome)

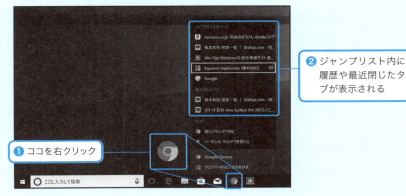

❶ ココを右クリック

❷ ジャンプリスト内に履歴や最近閉じたタブが表示される

タスクバーでWebブラウザアイコンを右クリックすれば「ジャンプリスト」が表示され、履歴や閉じたタブにアクセスできる(対応Webブラウザのみ)。

197

習慣098

Webページの表示移動は
キーボードで行う

縦長のWebページ内を瞬間移動！

　Webページの表示を移動するときは、マウスではなく「キーボード」を使う習慣をつけましょう。そのほうが断然素早く快適だからです。

　例えば縦に長いWebページをチェックする際は、space キーを押せば下方へ移動、Shift + space キーで上方へ移動できます。

　さらに、Webページの先頭に移動したいときは、Home キー、末尾に移動したいときは End キーを押せば一発で移動できます。

●Webページ内のキーワード検索

　膨大なWebページをチェックするときに役立つのが「Webページ内のキーワード検索」です。Ctrl + F キー（F はFindの「F」）を入力すると検索ボックスを表示でき、キーワードを入力すれば、入力したキーワードがWebページ内でマーカー表示されます。以後、F3 キーで次のキーワード位置に、Shift + F3 キーで前のキーワード位置にジャンプすることができます。

●入力フォームもサクサク移動

　Web上の登録画面など、フォーム入力（文字入力）の際に役立つのが Tab キーです。Tab キーを押すことで次の入力欄に、また Shift + Tab キーで前の入力欄に移動することができます。これにより、いちいちクリックして入力欄を移動する手間が省くことができます。

➡ Webページの表示移動は「キーボード」で行う

◎Webページの移動に役立つショートカットキー

操作	ショートカットキー
Webページの下方向に移動	[space]キー／[↓]キー／[Page Down]キー
Webページの上方向に移動	[Shift]+[space]キー／[↑]キー／[Page Up]キー
Webページの先頭に移動	[Home]キー
Webページの末尾に移動	[End]キー
Webページの「戻る」	[Alt]+[←]キー／[Back Space]キー※
Webページの「進む」	[Alt]+[→]キー

※ [Back Space]キーは一部ブラウザのみ対応

◎Webページのキーワード検索

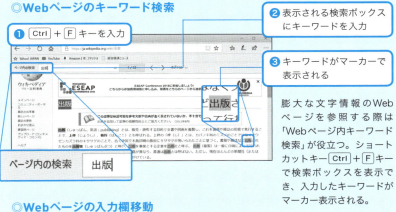

❶ [Ctrl]+[F]キーを入力
❷ 表示される検索ボックスにキーワードを入力
❸ キーワードがマーカーで表示される

膨大な文字情報のWebページを参照する際は「Webページ内キーワード検索」が役立つ。ショートカットキー[Ctrl]+[F]キーで検索ボックスを表示でき、入力したキーワードがマーカー表示される。

◎Webページの入力欄移動

❶ 入力欄で[Tab]キーを押す
❷ 次の入力欄へ移動できる

通販サイトやサービス登録などでよくある「フォーム入力」だが、入力欄の移動は[Tab]キー（次へ移動）／[Shift]+[Tab]キー（前へ移動）が便利だ。

習慣 099
文字が見づらいWebサイトは「拡大表示」する

Web表示の倍率を自由に指定する

「文字が小さすぎて読みづらい」と感じるWebサイトがあれば、「拡大」して表示するようにしましょう。

ショートカットキー Ctrl + + キーで表示を拡大、ショートカットキー Ctrl + − キーで表示を縮小することができます。また、**「元の表示サイズに戻したい」という場合は、Ctrl + 0（ゼロ、メインキー側）キーを入力**すれば、表示を100%標準に戻すことが可能です。

基本的にはショートカットキーで拡大・縮小するのが便利ですが、マウスで同様の操作を行いたい場合は、Ctrl + マウスホイール回転で拡大・縮小できます。また、タッチパッドを使う場合は、Ctrl + 二本指スワイプ／ピンチ（P.22参照）で拡大・縮小することも可能です（対応機種のみ）。

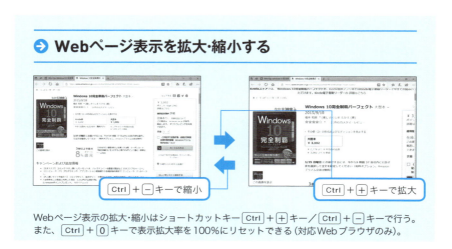

➡ **Webページ表示を拡大・縮小する**

Ctrl + − キーで縮小　　Ctrl + + キーで拡大

Webページ表示の拡大・縮小はショートカットキー Ctrl + + キー／ Ctrl + − キーで行う。また、Ctrl + 0 キーで表示拡大率を100%にリセットできる（対応Webブラウザのみ）。

習慣 100
検索は「アドレスバー」から行う

いちいち「検索サイト」を表示しない

　Web検索を行う場合に、いちいちGoogleやBingなどの検索サイトにアクセスするのは時間の無駄です。**検索を行う場合は、「アドレスバー」に直接検索キーワードを入力して Enter キーを押しましょう**。こうすれば、一発でキーワード検索が行えます。

　なお、**アドレスバーへは、Microsoft EdgeやInternet Explorerであれば F4 キー、Chromeであれば Alt + D キー（ D はadDress barの「D」）で移動**できます。また、アドレスバーに検索キーワードを入力する際に「現在のWebページ表示は残しておきたい」という場合には、**検索キーワード入力後に Alt + Enter キーを入力すれば、別のタブに検索結果一覧を表示**することができます。

➡ Web検索は「アドレスバー」で行える

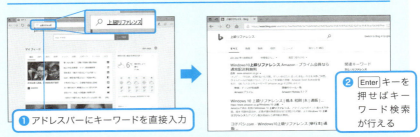

ほぼすべてのWebブラウザは、「アドレスバー」で検索キーワードを入力することで検索を実行できる。Webブラウザによっては、「設定」から既定の検索エンジンを変更することも可能だ。

習慣 101

最初に開くWebサイトを固定する

好きなWebサイトを「最初に開くページ」に！

Webブラウザを起動したとき、最初に表示されるWebサイトを「トップページ」と呼びます。この**トップページは、自分がよく利用するWebサイトに設定**してしまいましょう。例えば「Yahoo! Japan」をチェックする習慣があるならば、これをトップページにしてしまえば、以後Webブラウザを起動するだけで「Yahoo! Japan」を確認することができます。

トップページとホームページを使い分ける

以前はWebブラウザ起動時に表示するページのことを「ホームページ」と呼び、「ホームページ＝トップページ」という考え方が一般的でした。しかし最近のWebブラウザは「トップページ」（起動時に表示されるWebサイト）と「ホームページ」（Webブラウザの「ホーム」ボタンをクリックすると表示されるWebサイト）を分けて設定するのがトレンドです。

トップページとホームページは同じWebページにしても構わないのですが、例えば**「最もよく利用するサイト」（ニュースサイトやGoogleなどの検索サイト）はトップページに、「要所でアクセスするサイト」（総合情報サイトなど）をホームページに、という使い分けをしてもよい**でしょう。

ホームページやトップページの設定はWebブラウザによって異なりますが、多くの場合「設定」から行えます。また、**大抵のWebブラウザは** Alt **＋** Home **キーでホームページに一発アクセスできます。**

→ トップページやホームページを設定する

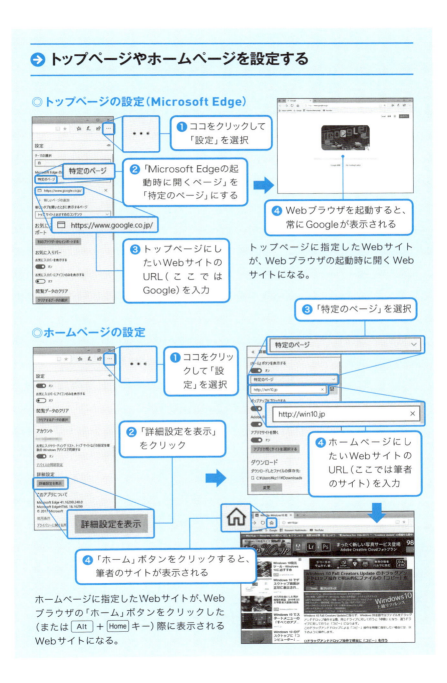

📅 **習慣** # 102

検索時に検索キーワードを
いちいち手入力しない

▎検索キーワードはWebページで取得する

　Webページを見ていると、「知らない単語」や「興味があるキーワード」を見かけることがあります。「詳細を知りたい」と思ったら、その単語を手入力して検索……というのが一般的ですが、いちいち手入力するのは面倒なので、**Webページの文字列をそのまま利用して検索する習慣**をつけましょう。

　一般的なWebブラウザであれば、**Webページ上の検索キーワードとなる文字列を選択して右クリックして**（または 🔳 （アプリ） キー）、ショートカットメニューから **「[検索エンジン]で〜を検索」などを選択すると、キーワードを手入力せずに検索**することができます。

　また、**Microsoft Edge**であれば、**Webページ上の検索キーワードとなる文字列を選択して** Ctrl + C **キーを入力して、そのまま** Ctrl + Shift + L **キーを入力すれば、すぐに検索を実行**することができます。

　これだけでもキーワード検索の速度は飛躍的に高まるはずですが、**さらに手間を省きたいなら「音声検索」を使うのも手**です。

　Windows 10には音声アシスタンスの「Cortana（コルタナ）」が備わっているので、タスクバーにあるCortanaのマイクアイコンをクリックしてキーワードを話しかけます。コツは「〜の方法」「〜を知りたい」などと話しかけることです。

　話しかけた検索キーワードでWeb検索されるので大変便利です（なお、音声検索を行うにはマイクが有効になっている必要があります）。

➡ 文字入力せずにキーワード検索する

◎右クリックメニューで検索する

❶ 検索したい文字列を選択して右クリック

❷「Googleで〜を検索」を選択すると即座に検索できる

キーワードを選択し、右クリックメニューから検索する。この方法は、ほぼすべてのWebブラウザで利用できる。

◎Microsoft Edgeでショートカット検索する

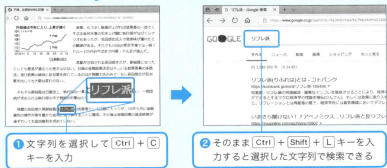

❶ 文字列を選択して Ctrl + C キーを入力

❷ そのまま Ctrl + Shift + L キーを入力すると選択した文字列で検索できる

Microsoft Edgeであれば、ショートカットキーで検索実行が可能だ。

◎Cortanaで音声検索する

❶ Cortanaを有効にしてキーワードを話しかける

❷ 話しかけたキーワードでWeb検索できる

習慣 **103**

検索結果に「不要な情報」を表示させない

「知りたいこと」をピンポイントで調べる

　インターネット上には様々な情報が渦巻いていますので、ピンポイントで「知りたいこと」を調べるスキルが大変重要になります。

　そこで、調べたいことに応じて**いくつかの検索方法を使い分ける習慣**をつけましょう。

●AND検索

　調べたいキーワードを半角スペースで区切る方法を「AND検索」と呼びます。例えば、モータースポーツの「F1」で「2018（西暦）」の「エントリーリスト」を見たい場合には、「F1 2018 エントリーリスト」という形で入力して検索を行います。

　つまり**スペースでキーワードをつなげると、より自分の知りたい情報に近づくことができる**のです。

●OR検索、NOT検索

　「どちらかを含む」という場合には「OR検索」を用います。例えば、**「能年玲奈 or のん」と検索すれば、女優の「のん（能年玲奈）」さんの情報を網羅的に検索**できます。

　また、任意のキーワードを除外したい場合には「NOT検索」を示す「-（マイナス）」用います。例えば**「楽天 -イーグルス」と検索すれば、「イーグルス」というキーワードを除いた「楽天」の情報を検索**できます。

●フレーズ検索

　通常はスペースで区切るとAND検索になりますが、**スペースを含めたフレーズを検索したい場合には「""（ダブルクオーテーション）」でフレーズを囲む**ようにします。例えば「フェイクニュース（Fake News）」を検索したければ「Fake News」（FakeとNewsが含まれるWebページ）ではなく「"Fake News"」と指定します。

●その他のテクニック

　キーワードの末尾に「とは」「意味」「wiki」などを付加すると、キーワードに関する基本的な情報を調べることができます。

➡ 不要な情報を表示させない様々な検索ワザ

◎AND検索

F1 2018 エントリーリスト

すべてのキーワードを含む情報を検索できる。

◎OR検索

能年玲奈 or のん　　　　　　　　　　　　　×

どちらかの単語を含む情報を検索できる。

◎NOT検索

楽天 -イーグルス

任意のキーワードを除外した情報を検索できる。

◎フレーズ検索

"Fake News"

スペースを含めたフレーズそのものを検索できる。

◎その他の検索

仮想通貨 とは

末尾に「とは」「意味」「wiki」などをつけると、キーワードに対する基本情報を検索できる。

習慣 104

検索キーワードにマッチする
ニュースやブログのみをチェックする

多様な切り口で情報を確認する

　筆者は、情報をチェックするときは「ニュース」と「ブログ」の両方を確認するようにしています。信頼性の高い「ニュース」で事実関係を確認し、「ブログ」でより突っ込んだ感想や意見をチェックする、という具合です。これにより、多様な切り口で情報を確認できるというわけです。

　あるトピックに関する「ニュース」のみを表示したい場合は、Googleの検索結果一覧を表示後、上部にある「ニュース」タブをクリックします。これで、キーワードに合致するニュースのみを表示できます。

　また、同じ画面の「ツール」をクリックし、「新着」のドロップダウンから、「新着」「1 時間以内」「1 年以内」のように、そのニュースが配信された期間を指定することも可能です。

　同様に、「ニュース」の「ツール」内、「すべて」のドロップダウンから「ブログ」を選択すれば、そのトピックに関するブログのみを確認できます。ただし、このブログ検索はキーワードによっては精度が低いため、ブログ向け検索サイト（Ritweb ブログ検索など）から検索してもよいでしょう。

　最後にもう1つ、オススメの検索ワザをご紹介しましょう。「[キーワード] site:[URL]」のように指定すると、指定したサイトのみの情報を確認できます。例えば「パソコン site:amazon.co.jp」と指定すれば、「アマゾンサイト内のパソコンに関する情報」のみを表示できます。逆に、P.206で紹介したNOT検索を利用し、「パソコン -site:amazon.co.jp」と指定すれば、「アマゾンサイト"以外"のパソコンに関する情報」を表示することが可能です。

ニュースやブログのみをチェックする

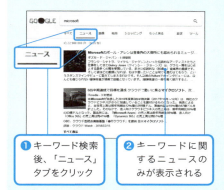

- ニュース
- ❶ キーワード検索後、「ニュース」タブをクリック
- ❷ キーワードに関するニュースのみが表示される

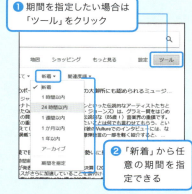

- ❶ 期間を指定したい場合は「ツール」をクリック
- ❷ 「新着」から任意の期間を指定できる

- ❶ ブログを表示したい場合は「ツール」をクリック
- ❷ 「ブログ」を指定する

Googleでは、検索キーワードに対する結果を「ニュース」や「ブログ」に絞り込んで表示できる。場面によって使い分けたいテクニックだ。

特定サイトの情報のみをチェックする

- パソコン site:amazon.co.jp
- ❶ 「[キーワード] site:[URL]」で指定
- ❷ 指定したURL内の情報だけを確認できる

目的の情報が「このサイトにある」とわかりきっている場合には、サイトのURLを指定してGoogle検索を行えばよい。例えば筆者は各出版社で書籍を執筆しているが、「翔泳社公式サイト内の橋本和則書籍」に絞りたければ「橋本和則 site:shoeisha.co.jp/」と入力する。

習慣 105
欲しい「画像」を一発で入手する

欲しい画像はWebで探す

　Web上の画像を探したい場合は、検索キーワードから「画像の検索」を行いましょう。例えば、筆者は職業柄PowerPointのスライド資料をよく作るのですが、「スライドに使えるパソコンの画像やイラストが欲しい」という場合は、「PC」でキーワード検索した後、「画像」タブをクリックすれば、パソコンの画像を一覧表示できます。検索後、**「ノート」「デスクトップ」「素材」「イラスト」「アイコン」**など任意の種類を指定することも可能です。さらに、**「ツール」**をクリックし、**「ライセンス」**のドロップダウンから再利用できる画像か否かの絞り込みも行えるので便利です。

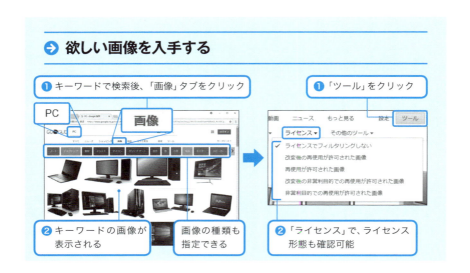

欲しい画像を入手する

習慣 106
「この写真の人は誰？」を一発で調べる

画像が「なにものか」を調べる

　画像を見ていると、「この人は誰だっけ？」「この場所はどこだっけ？」と、詳細を思い出せないことがあります。そんなときは**「Google画像検索」を使いましょう。**

　まず、**Googleのホームから「画像」をクリックして、「画像検索」にします。その後、手持ち画像を検索ボックスにドロップ**します。著名な人物や有名な場所であれば、その画像に対する情報を検索結果として表示することができます。

画像が「なにものか」を確認する（Google検索）

❶「画像」をクリックして「画像検索」にする

❷ 調べたい画像を検索ボックスにドラッグ＆ドロップ

❸ その画像の情報が表示される

習慣 107
外国語の翻訳は
パソコンに任せる

「Google翻訳」を活用する

英語のサイトをチェックしたいとき、英単語の意味を調べたいときは、「翻訳機能」を使いましょう。「Google翻訳（https://translate.google.co.jp）」を利用すれば、任意のテキスト（単語や英文）をコピー＆ペーストするだけで、即座に翻訳が行えます。

「英語→日本語」だけでなく、「日本語→英語」の翻訳も可能ですから、企画書を英訳したり、英文メールを作成したりする場合にも活用できます。

また、英語サイトのURLを指定すれば、そのサイトを丸ごと日本語翻訳して表示することも可能です。

機械翻訳であっても大意をつかむだけなら十分ですから、積極的に活用しましょう。

Webブラウザの機能で翻訳する

WebブラウザにChromeを使っているならば、標準で「翻訳機能」が搭載されています。

英語サイトを表示し、右クリックしてショートカットメニューから「日本語に翻訳」を選択すれば、一発で英語サイトを日本語に翻訳できます。

また、Microsoft Edgeであれば「Translator For Microsoft Edge」をストアから入手して有効にすることで、アドレスバーに表示される「翻訳」アイコンから指定言語に翻訳することができます。

➡ 翻訳機能を活用する

◎Google翻訳を使う

❶ 翻訳したい英文（英単語）をペースト

❷ 日本語訳が表示される

Google翻訳（https://translate.google.co.jp）を使えば、あっという間に英語を翻訳できる。日本語→英語への翻訳も可能だ。

◎英語サイトを丸ごと翻訳する

❶ 翻訳したい英語サイトのURLを入力

❷ 表示されたURLをクリック

❸ 英語サイトが丸ごと翻訳される

URLを入力すれば、英語サイトを丸ごと翻訳することも可能。

◎Webブラウザの機能で翻訳する（Chrome）

右クリックしてショートカットメニューから「日本語に翻訳」を選択

Chromeならば、翻訳機能が標準搭載されている。Webページを表示した状態で右クリックして「日本語に翻訳」を選択すれば、機械翻訳でWebサイトを丸ごと日本語表示にできる。

習慣 108
Webページを見ないで情報を確認する

Webページは見ないで「読んでもらう」

　Microsoft Edgeには、ページの「読み上げ機能」が搭載されています。1日中仕事をして目が疲れた場合や、職場ではチェックしづらいWebサイトを確認したいときは、イヤフォンで読み上げ機能を活用しましょう。

　Webページを読んでもらうには、**Microsoft Edgeで「読み上げ開始位置（読み上げたい文字列全体でなくて、あくまでも開始位置）」を選択**し、**右クリックして（または** (アプリ) キー）、**ショートカットメニューから「音声で読み上げる」を選択**します。驚くほど正確かつ流暢に読み上げてくれるので、重宝する機能です。読み上げ機能はウィンドウを最小化しても継続されるので、別の作業を並行して行うこともできます。

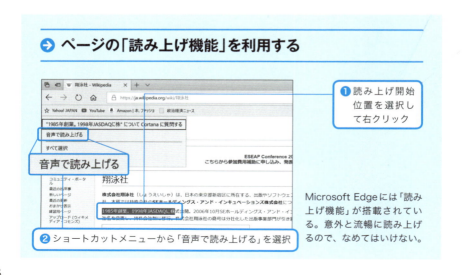

ページの「読み上げ機能」を利用する

❶ 読み上げ開始位置を選択して右クリック

❷ ショートカットメニューから「音声で読み上げる」を選択

Microsoft Edgeには「読み上げ機能」が搭載されている。意外と流暢に読み上げるので、なめてはいけない。

習慣 109
Webブラウザが遅いときは「キャッシュ」を削除する

表示がおかしい、動作が重い…そんなときは

「Webブラウザの表示がおかしい」と思ったら、F5 キーを押しましょう。そうすればWebサイトを最新状態に「更新」することができます。

表示がおかしいだけではなく、**「動作が重い」** という場合には **「キャッシュを削除」する習慣**をつけましょう。Webブラウザは一度見たWebサイトの情報を「キャッシュ」という形で保持しますが、これが溜まりすぎると「表示がおかしい」「動作が重い」原因になるからです。

キャッシュの削除は、Webブラウザ上でショートカットキー Ctrl + Shift + Delete キーを入力して「クリア」（または「履歴データを消去」）を**クリック**すればOKです。

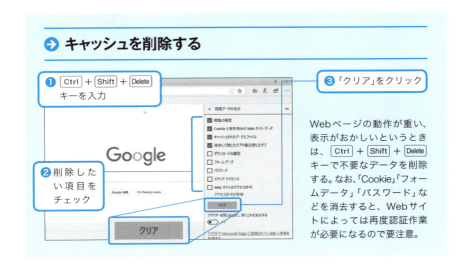

→ キャッシュを削除する

① Ctrl + Shift + Delete キーを入力

② 削除したい項目をチェック

③ 「クリア」をクリック

Webページの動作が重い、表示がおかしいというときは、Ctrl + Shift + Delete キーで不要なデータを削除する。なお、「Cookie」「フォームデータ」「パスワード」などを消去すると、Webサイトによっては再度認証作業が必要になるので要注意。

習慣 110
Webサイトをなるべく少ない紙で印刷する

「用紙の無駄」を極力省く

　Webサイトの印刷は結構難しく、ページのレイアウトによってはうまく印刷できなかったり、紙の枚数がやたらと増えて収拾がつかなかったりというケースも少なくありません。筆者は、Webサイトを印刷するときは、なるべく少ない紙で収めるように工夫しています。ここでは、筆者が行っている印刷の習慣を紹介しましょう。

　まず気をつけるべきは「Webブラウザの選択」です。Webサイト印刷の利便性は、実はWebブラウザの機能に大きく依存するため、印刷時には印刷機能に優れる「Chrome」あるいは「Internet Explorer」でWebページを表示して印刷するようにします。

　印刷は、ショートカットキー Ctrl + P **キー**（ P はPrintの「P」）で実行できます。まず、「印刷プレビュー」で実際に印刷する際にどのような表示になるかを確認します。

　なるべく紙の枚数を減らしたいということであれば、「詳細設定」内の「余白」を「最小」にします。さらに、目的とするコンテンツが紙に収まっていない場合には「倍率」を下げましょう。また、「ヘッダーとフッター」にチェックを入れると、WebページのタイトルやURLを用紙に付記できますが、不要であればチェックを外します。これだけでも、かなり枚数を節約できるはずです。

　それでも「自分の思う印刷ができない」という場合は、一度印刷プレビューをキャンセルして（ Esc キー）、**Webページ上の印刷したい部分のみをド**

ラッグで選択します。再び Ctrl + P キーで印刷プレビューを表示し、「詳細設定」から「選択したコンテンツのみ」にチェックを入れれば、Webページの選択部分のみを印刷できます。また実際にプリンターに印刷する前にPDFで出力するのも、印刷イメージの確認に効果的です（P.78参照）。

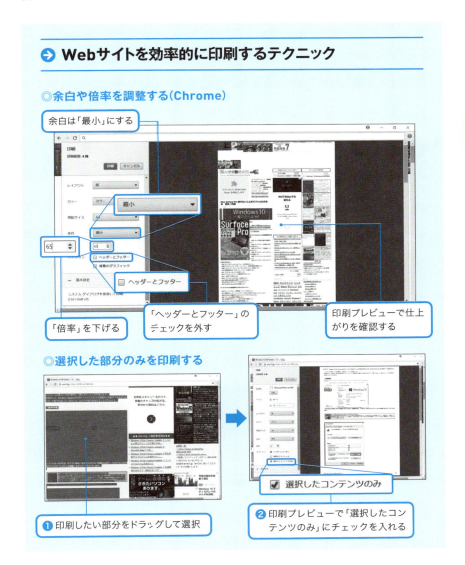

習慣 111

大切なWebページは「保存」しておく

「今」のWebページ情報を確実に保持する

Webサイト上にある各Webページは恒久的に存在するとは限らず、また後日内容に変更が加えられる可能性もあります。

例えば、筆者はよくネットオークションを利用するのですが、オークションは落札して数か月経過すると「落札時に表示されていた商品情報のWebページ」が消去される仕様なので、確認できなくなってしまいます。

「ある時点でのWeb情報」というのは、業務やWebの活用によっては意外と重要になるのですが（特に業務における取引条件が記述されたWebページなど）、**「現在のWebページの情報」を確実に保持したい場合には、「ファイルに保存する」という習慣**をつけましょう。

ChromeやInternet Explorerであれば、**ショートカットキー Ctrl + S キー（ S はSaveの「S」）で、現在表示しているWebページを保存することができます。**ちなみにこの機能は特にInternet Explorerが優れており、「HTML形式」でWebページのHTML＋Web構成要素（画像ファイル）という形で保存できますし、「MHT形式」を選択すれば画像を含めて単一ファイルとして保存することができます（Webページの保存は「PDFファイルにする」という方法もあります。P.78参照）。一度保存したWebページは、インターネットに接続しないでも閲覧することが可能なので、例えば海外旅行に出かける前に、あらかじめホテルや周辺の地図などをファイル／PDFで保存しておけば、現地でインターネットに接続できなくても確実に地図などの情報を確認できます（現地での通信量も抑えられます）。

Webページを保存する

◎ファイルとして保存する(Internet Explorer)

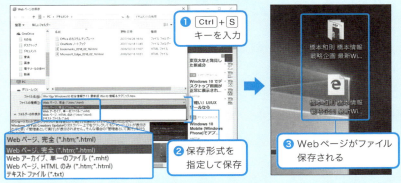

Webページのファイル保存は、「HTML形式」であればHTMLファイルと画像等のオブジェクトがHTMLファイルと同名のフォルダーに、Internet Explorerの「MHT形式」であればすべてをまとめて1つのファイルに保存できる。

◎「リーディングリスト」に保存する(Microsoft Edge)

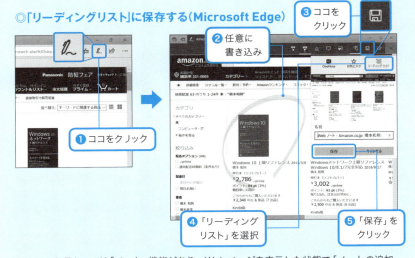

Microsoft Edgeでは「ノート」機能があり、Webページを表示した状態で「ノートの追加」をクリックすることで、ノートに任意の書き込み(マーカーなど)を行ったうえでリーディングリストとして保存できる。

習慣 112
他人のパソコンを使うときは「履歴」を残さない

　Webページを閲覧すると、「閲覧履歴」「パスワード」など、様々な情報がパソコン内に保存されます。自分のパソコンならば問題ありませんが、他人のパソコンや仕事先で借りたパソコンなどを利用している場合、履歴が残るのは問題です（例えばSNSの閲覧履歴やログインパスワードなども残ってしまうため）。そこで、**他人のパソコンを利用する際や、自分のパソコンでも他人に行動を探られたくないWebサイトを参照する場合には、履歴を一切残さないでWebブラウズできる「プライベートブラウズ」モードを利用する習慣**をつけましょう。プライベートブラウズはWebブラウザによって呼び方が異なり、Microsoft Edgeであれば「InPrivateウィンドウ」、Chromeであれば「シークレットウィンドウ」という名称になります。

　Microsoft Edgeであればショートカットキー Ctrl + Shift + P キー（ P はPrivateの「P」）、Chromeであれば Ctrl + Shift + N キーでプライベートブラウズを実現できます。

▶ プライベートブラウズを実現する

◎Microsoft Edgeの場合　　　　◎Chromeの場合

履歴を残さない「プライベートブラウズ」は、Microsoft Edgeであれば Ctrl + Shift + P キー、Chromeであれば Ctrl + Shift + N キーで実現できる。

> Appendix

付録

・ローマ字入力対応表
・ショートカットキー一覧表

本章はWindows 10（Build 16299、本書執筆時点）のローマ字入力、ショートカットキーを紹介しています。
アップグレードにより、一部の操作が変更になる可能性がありますのでご注意下さい。

ローマ字入力対応表

基本五十音と濁音半濁音

ア行

あ	a		
い	i	yi	
う	u	wu	whu
え	e		
お	o		

カ行

か	ka	ca		が	ga	
き	ki			ぎ	gi	
く	ku	cu	qu	ぐ	gu	
け	ke			げ	ge	
こ	ko	co		ご	go	

サ行

さ	sa			ざ	za	
し	si	ci	shi	じ	zi	ji
す	su			ず	zu	
せ	se	ce		ぜ	ze	
そ	so			ぞ	zo	

タ行

た	ta		だ	da	
ち	ti	chi	ぢ	di	
つ	tu	tsu	づ	du	
て	te		で	de	
と	to		ど	do	

ナ行

な	na
に	ni
ぬ	nu
ね	ne
の	no

ハ行

は	ha		ば	ba		ぱ	pa	
ひ	hi		び	bi		ぴ	pi	
ふ	hu	fu	ぶ	bu		ぷ	pu	
へ	he		べ	be		ぺ	pe	
ほ	ho		ぼ	bo		ぽ	po	

マ行

ま	ma
み	mi
む	mu
め	me
も	mo

ヤ行

や	ya
ゆ	yu
よ	yo

ラ行

ら	ra
り	ri
る	ru
れ	re
ろ	ro

ワ行

わ	wa			
を	wo			
ん	n	nn	n'	xn

小さい音

ぁ	la	xa		
ぃ	li	xi	lyi	xyi
ぅ	lu	xu		
ぇ	le	xe	lye	xye
ぉ	lo	xo		
ヵ	lka	xka		
ヶ	lke	xke		
っ	ltu	xtu	ltsu	
ゃ	lya	xya		
ゅ	lyu	xyu		
ょ	lyo	xyo		
ゎ	lwa	xwa		

その他の音（拗音など）

ア行

いぇ	ye

うぁ	wha	
うぃ	whi	wi
うぇ	whe	we
うぉ	who	

カ行

きゃ	kya	ぎゃ	gya
きぃ	kyi	ぎぃ	gyi
きゅ	kyu	ぎゅ	gyu
きぇ	kye	ぎぇ	gye
きょ	kyo	ぎょ	gyo

くぁ	qwa	qa	くゃ	qya		ぐぁ	gwa
くぃ	qwi	qi		qyi		ぐぃ	gwi
くぅ	qwu		くゅ	qyu		ぐぅ	gwu
くぇ	qwe	qe		qye		ぐぇ	gwe
くぉ	qwo	qo	くょ	qyo		ぐぉ	gwo

サ行

しゃ	sya	sha	じゃ	zya	ja		jya
しぃ	syi		じぃ	zyi			jyi
しゅ	syu	shu	じゅ	zyu	ju		jyu
しぇ	sye	she	じぇ	zye	je		jye
しょ	syo	sho	じょ	zyo	jo		jyo

すぁ	swa
すぃ	swi
すぅ	swu
すぇ	swe
すぉ	swo

タ行

ちゃ	tya	cha	cya	ぢゃ	dya
ちぃ	tyi		cyi	ぢぃ	dyi
ちゅ	tyu	chu	cyu	ぢゅ	dyu
ちぇ	tye	che	cye	ぢぇ	dye
ちょ	tyo	cho	cyo	ぢょ	dyo

つぁ	tsa
つぃ	tsi
つぇ	tse
つぉ	tso

てゃ	tha	でゃ	dha
てぃ	thi	でぃ	dhi
てゅ	thu	でゅ	dhu
てぇ	the	でぇ	dhe
てょ	tho	でょ	dho

とぁ	twa	どぁ	dwa
とぃ	twi	どぃ	dwi
とぅ	twu	どぅ	dwu
とぇ	twe	どぇ	dwe
とぉ	two	どぉ	dwo

ナ行

にゃ	nya
にぃ	nyi
にゅ	nyu
にぇ	nye
にょ	nyo

ハ行

ひゃ	hya	びゃ	bya	ぴゃ	pya
ひぃ	hyi	びぃ	byi	ぴぃ	pyi
ひゅ	hyu	びゅ	byu	ぴゅ	pyu
ひぇ	hye	びぇ	bye	ぴぇ	pye
ひょ	hyo	びょ	byo	ぴょ	pyo

ふぁ	fwa	fa		ふゃ	fya
ふぃ	fwi	fi	fyi		
ふぅ	fwu			ふゅ	fyu
ふぇ	fwe	fe	fye		
ふぉ	fwo	fo		ふょ	fyo

ヴぁ	va			ヴゃ	vya
ヴぃ	vi	vyi			
ヴ	vu			ヴゅ	vyu
ヴぇ	ve	vye			
ヴぉ	vo			ヴょ	vyo

マ行

みゃ	mya
みぃ	myi
みゅ	myu
みぇ	mye
みょ	myo

ラ行

りゃ	rya
りぃ	ryi
りゅ	ryu
りぇ	rye
りょ	ryo

Appendix

ローマ字入力対応表

Windows ショートカットキー一覧表

●全般のショートカットキー

全選択	Ctrl + A キー
コピー	Ctrl + C キー
切り取り	Ctrl + X キー
貼り付け	Ctrl + V キー
元に戻す	Ctrl + Z キー
キャンセル	Esc キー
名前の変更	F2 キー
更新	F5 キー
削除	Delete キー
ショートカットメニュー表示	▤ (アプリ) キー
1 ページ上に移動	Page Up キー
1 ページ下に移動	Page Down キー
先頭表示移動	Home キー
末尾表示移動	End キー
項目移動／要素移動	Tab キー
日本語入力のオン／オフ	半角/全角 キー
挿入モードと上書きモードの切り替え	Insert キー
大文字／小文字切り替え	Shift + Caps Lock キー

※移動系のショートカットキーについては、アプリによって Shift Ctrl Alt キーを交えて操作する場合があります。

● Windows 10 のショートカットキー

［スタート］メニューの表示／非表示	⊞ キー
クイックアクセスメニュー	⊞ + X キー
アクションセンター	⊞ + A キー
⚙設定	⊞ + I キー
Cortana	⊞ + S キー
通知領域	⊞ + B キー
タスクビュー	⊞ + Tab キー
タスクバー上のアプリを起動	⊞ + ［数字］キー
ジャンプリスト	⊞ + Alt + ［数字］キー
タスクマネージャー	Ctrl + Shift + Esc キー
画面キャプチャ	⊞ + Print Screen キー
デスクトップ画面の切り取り	⊞ + Shift + S キー

デスクトップのロック	⊞ + L キー
シャットダウン	⊞ + X → U → U キー
再起動	⊞ + X → U → R キー
スリープ	⊞ + X → U → S キー
Windows フリップ	Alt + Tab キー
Windows フリップ（逆回転）	Alt + Shift + Tab キー
静止版 Windows フリップ	Ctrl + Alt + Tab キー
仮想デスクトップ：新しいデスクトップの作成	⊞ + Ctrl + D キー
仮想デスクトップ：現在表示中のデスクトップを閉じる	⊞ + Ctrl + F4 キー
仮想デスクトップ：デスクトップの表示切り替え	⊞ + Ctrl ＋左右カーソルキー

●ウィンドウ関連のショートカットキー

デスクトップの表示（すべてのウィンドウの最小化）／復元	⊞ + D キー
アクティブウィンドウのみ表示	⊞ + Home キー
ウィンドウを閉じる	Alt + F4 キー
ウィンドウの左半面表示	⊞ + ← キー
ウィンドウの右半面表示	⊞ + → キー
ウィンドウの垂直方向最大化	⊞ + Shift + ↑ キー
ウィンドウの最大化	⊞ + ↑ キー
アクティブウィンドウのショートカットメニュー表示	Alt + space キー
アクティブウィンドウの移動	Alt + space → M キー
アクティブウィンドウサイズの変更	Alt + space → S キー
アクティブウィンドウサイズの最大化	Alt + space → X キー
アクティブウィンドウサイズの最小化	Alt + space → N キー

●エクスプローラーのショートカットキー

エクスプローラーの起動	⊞ + E キー
リボンへのアクセス／ショートカットキー表示	Alt キー
リボンの展開／最小化	Ctrl + F1 キー
フォルダーの作成	Shift + Ctrl + N キー
エクスプローラーをもう1つ開く	Ctrl + N キー
戻る	Alt + ← キー
進む	Alt + → キー
上位フォルダーの表示	Alt + ↑ キー

Appendix Windowsショートカットキー一覧表

プレビューウィンドウ表示	Alt + P キー
詳細ウィンドウ	Alt + Shift + P キー
検索ボックスへ移動	Ctrl + E キー
クイックアクセスツールバーの各コマンド実行	Alt + [数字] キー
レイアウト表示：特大アイコン	Ctrl + Shift + 1 キー
レイアウト表示：大アイコン	Ctrl + Shift + 2 キー
レイアウト表示：中アイコン	Ctrl + Shift + 3 キー
レイアウト表示：小アイコン	Ctrl + Shift + 4 キー
レイアウト表示：一覧	Ctrl + Shift + 5 キー
レイアウト表示：詳細	Ctrl + Shift + 6 キー
レイアウト表示：並べて表示	Ctrl + Shift + 7 キー
レイアウト表示：コンテンツ	Ctrl + Shift + 8 キー

● Microsoft Edge（Web ブラウザ全般）のショートカットキー

新しい Web ブラウザを開く	Ctrl + N キー
お気に入りの登録	Ctrl + D キー
お気に入りの一覧表示	Ctrl + I キー
履歴の一覧の表示	Ctrl + H キー
任意のタブに移動	Ctrl + [数字] キー
タブの表示移動	Ctrl + Tab キー
タブを閉じる	Ctrl + W キー
閉じたタブを復活	Ctrl + Shift + T キー
戻る	Alt + ← キー
進む	Alt + → キー
ページ内キーワード検索	Ctrl + F キー
ページ先頭表示	Home キー
ページ末尾表示	End キー
表示拡大	Ctrl + + キー
表示縮小	Ctrl + − キー
表示拡大率を 100%	Ctrl + 0 キー
印刷	Ctrl + P キー
アドレスバーに移動	F4 キー
「ホーム」に移動	Alt + Home キー
履歴データの消去	Ctrl + Shift + Delete キー
プライベートブラウズ	Ctrl + Shift + P キー

本書内容に関するお問い合わせについて

このたびは翔泳社の書籍をお買い上げいただき、誠にありがとうございます。弊社では、読者の皆様からのお問い合わせに適切に対応させていただくため、以下のガイドラインへのご協力をお願い致しております。下記項目をお読みいただき、手順に従ってお問い合わせください。

●ご質問される前に

弊社Webサイトの「正誤表」をご参照ください。これまでに判明した正誤や追加情報を掲載しています。

　　正誤表　　　https://www.shoeisha.co.jp/book/errata/

●ご質問方法

弊社Webサイトの「刊行物Q&A」をご利用ください。

　　刊行物Q&A　https://www.shoeisha.co.jp/book/qa/

インターネットをご利用でない場合は、FAXまたは郵便にて、下記"翔泳社 愛読者サービスセンター"までお問い合わせください。
電話でのご質問は、お受けしておりません。

●回答について

回答は、ご質問いただいた手段によってご返事申し上げます。ご質問の内容によっては、回答に数日ないしはそれ以上の期間を要する場合があります。

●ご質問に際してのご注意

本書の対象を越えるもの、記述個所を特定されないもの、また読者固有の環境に起因するご質問等にはお答えできませんので、予めご了承ください。

●郵便物送付先およびFAX番号

送付先住所　　〒160-0006　東京都新宿区舟町5
FAX番号　　　03-5362-3818
宛先　　　　　（株）翔泳社 愛読者サービスセンター

※本書に記載されたURL等は予告なく変更される場合があります。
※本書の出版にあたっては正確な記述につとめましたが、著者や出版社などのいずれも、本書の内容に対して何らかの保証をするものではなく、内容やサンプルに基づくいかなる運用結果に関してもいっさいの責任を負いません。
※本書に掲載されているサンプルプログラムやスクリプト、および実行結果を記した画面イメージなどは、特定の設定に基づいた環境にて再現される一例です。
※本書に記載されている会社名、製品名はそれぞれ各社の商標および登録商標です。
※本書は2018年4月時点での情報です。

おわりに

　筆者は、MS-DOS時代を含めれば実に40年近くもパソコンを使い続けていますが、長時間のパソコン作業（＝仕事のし過ぎ）による危機的な健康被害を二度ほど経験しました。あるときは指を動かせなくなり、あるときは椅子に座れなくなってしまったのです。

　このとき筆者が試みたのは、「仕事量を減らすこと」ではなく、作業スタイルの「研究」「開発」「改善」でした。
　もっとストレスなく、もっと効率的に仕事をできる環境を構築すれば、同じ分量の仕事を「もっと早く」終わらせられるはず。そうすれば、結果的に健康被害を軽減できると考えたのです。

　この試みは成功しました。試行錯誤を重ねた結果、作業時間を大きく軽減することができ、やがて健康を取り戻すことができました。健康を取り戻したことで気持ちに「余裕」が生まれ、仕事で新しいチャレンジもできました。業務クオリティも、さらに高めることができたと自負しています。
　そんな経験を経て気づいたことは、「新たな仕事の習慣を身につける」ことは、自身の可能性を広げ、仕事そのものを楽しむことにつながるということです。それは、ストレスのないポジティブな人生を送ることにもつながるのだと思います。

　本書は、筆者が何十年もの時間を費やして培った、「絶対に役立つ」と思うテクニックを112個に厳選して紹介しています。
　結果的に紹介したのは112個のテクニックですが、企画時にピックアップした項目は400以上ありました。項目を厳選したことで「誰にでも役立つ本にできた」と自負していますが、正直「これも紹介したかった！」と思えるテクニックは他にもたくさんあります。

マクロやスクリプトを利用した半自動処理、Windowsの奥深いカスタマイズを適用した環境改善、周辺機器活用＆ハードウェアチューンによるさらなる作業効率化、データファイルを安全かつわかりやすく管理する方法、作業コミュニケーションを円滑にするツールの活用などなど、「もっともっと作業効率アップ」「もっともっとストレス軽減」につながるテクニックはたくさん存在します。

　本書は初心者の方にもわかりやすいよう、難易度の高いテクニックや複雑なテクニックは割愛しましたが、機会があれば、このような「さらなる仕事術」も紹介したいと思います。

　最後に。
　いままで80冊以上の本を執筆してきた著者ですが、仕事を終えて感慨深く思ったものは3冊だけであり、本書はその「1冊」です。
　それは、本書が著者「橋本和則」の力だけで作成されたものではなく、たくさんの関係者の協力と努力があって出来上がった本だからです。あらためて、本書に携わっていただいた関係者各位に感謝の意を表します。

　そして、本書を手にとっていただいた読者のみなさまにも深く感謝申し上げます。

　本書で紹介した仕事術が、仕事を円滑に進める手助けになり、ストレス軽減になり、またパソコンでの作業をさらにポジティブにするきっかけになったのであれば、これほど嬉しいことはありません。
　ここまで読んでいただいたき、本当にありがとうございました。

橋本情報戦略企画
橋本 和則

INDEX

アルファベット

AND検索	206
BCC	177
CAPSロック	138
CC	177
Cortana	62,204
Excel	64
関数の入力	112
起動	72
行・列の挿入・削除	100
シートの管理	108
時間の入力	110
書式設定	102,104
数式のコピー	114
セル内の改行	106
セルの移動	96
セルの結合	106
セルの選択	98
セルの範囲選択	64,98
先行指定	64
日付の入力	110
表示倍率の指定	70
文字の折り返し	106
曜日の入力	114
連番の入力	114
Google画像検索	211
Google翻訳	212
IMEパッド	134
InPrivateウィンドウ	220
Microsoft IME	126
カスタマイズ	144
NOT検索	206
OR検索	206
SUM関数	112
Webブラウザ	186
Webページの保存	218
印刷	216
お気に入りバーへの登録	194
お気に入りへの登録	190,192
拡大表示	200
キャッシュの削除	215
検索	201,204,206,208,210,211
タブの切り替え	186
タブを閉じる	186
タブを開く	186,188,192
トップページ／ホームページの指定	202
入力フォームの移動	198
表示移動	198
ページ内検索	198
翻訳	212
読み上げ機能	214
履歴	196
リンクを開く	186
Windows Inkワークスペースボタン	62
Windows Update	15
Windowフリップ	20,54
Word	64

大文字・小文字の変更	88
起動	72
先行指定	64
表示倍率の指定	70
フォントサイズの変更	86
フッターの編集	90
文書内の移動	84
文書の校正	94
ページ番号の付加	90
文字揃え	88
文字の装飾	86
ルビふり	92

あ行

アドレスバー	201
アニメーション効果	36
アノテーション	78
アプリ	50
「既定のアプリ」の指定	50
指定したアプリで開く	50
移動	164
印刷	76
印刷プレビュー	76
余白	76
両面印刷	76
面付け印刷	76
ズームスライダー	76
PDF印刷	78
Webサイトの印刷	216
ウィンドウ	20,44
移動	44
ウィンドウの切り替え	52,54
サイズ変更	44
すべてのウィンドウを最小化	46
ウィンドウシェイク	46
ウィンドウスナップ	20,48
ウィンドウスナップ	48
上書き保存	28
エクスプローラ	146
階層移動	150
カスタマイズ	174
起動	146
クイックアクセスへの登録	170
検索	168
表示の変更	148,162
ファイルのコピー・移動	164,166
ファイルの選択	156
もう1つ起動	146
お気に入り	190,192
お気に入りバー	194

か行

拡張子	158
画像検索	210,211
仮想デスクトップ	56
画面キャプチャ	82
デスクトップ全域をキャプチャ	82
デスクトップを切り取り	82

任意のウィンドウをキャプチャ	82
関数入力アシスト	112
関数の挿入	112
キャッシュ	215
休止状態	14,42
切り取り	18
クイックアクセス	170
クイックアクセスツールバー	68,154
検索	168,198,201,204,206,208,210,211
コピー	18,80,164
書式のコピー	80
コピー先指定	166
ごみ箱	26
コントロールパネル	36

さ行

再起動	16
シークレットウィンドウ	220
辞書登録	126,128
システムファイルのクリーンアップ	40
シャットダウン	16
詳細ウィンドウ	162
ショートカットアイコン	32,172
ショートカットアイコンの作成	172
ショートカットキーの割り当て	172
すべてを選択	19,156
スリープ	60
スレッド表示	179
設定	36
操作のキャンセル	59

た行

タスクバー	30,52
ウィンドウの切り替え	52
カスタマイズ	62
ジャンプリストの表示	31,196
ショートカットキーで起動	30
ピン留め	30,72,194
タスクビュー	20,54
タッチパッド	22
応用操作	23
基本操作	23
スクロール	23
右クリック	23
ディスククリーンアップ	40
デスクトップ	32
デスクトップの表示	46
ロック	58
電源	14
カバーを閉じたときの操作	42
電源ボタンの動作設定	42
テンポラリファイル	40
トップページ	202

は行

貼り付け	18,80
テキストのみ貼り付け	80
ファイルの検索	168

ファイルの選択	156
ファイル名の変更	159,160
フィルハンドル	114
フォルダー分け	160
フッター	90,216
プライベートブラウズ	220
フレーズ検索	206
プレビューウィンドウ	162
プロセス	34
ヘッダー	90,216
ホームページ	202

ま行

マウスポインター	61
右クリック	18,24
ミニツールバー	64
メール	176
アカウントの管理・追加	181
既読・未読の指定	182
署名の作成	176
新規作成・送信	182
動作確認	184
表示変更	179
ファイルの添付	180
返信	182
文字列	64
英単語の入力	124
確定取消	118
記号の入力	122
コピー・貼り付け	80,130
再変換	118
辞書登録	126
住所の入力	125
スペース入力	120
選択	64
小さな文字の入力	141
手書き入力	134
入力モードの切り替え	123,132
部首で入力	134
フリック入力	140
変換	136,142
予測入力	136
略記登録	128
元に戻す	59

や行

予測入力	136
読み上げ機能	214

ら行

リボンコマンド	66,152
ショートカットキーの割り当て	66
表示／非表示の切り替え	152

著者プロフィール

橋本 和則（はしもと かずのり）

IT著書は80冊以上に及び、代表作には「Windows 10上級リファレンス」（翔泳社）「Windows 10完全制覇パーフェクト」（翔泳社）「Windowsでできる小さな会社のLAN構築・運用ガイド」（翔泳社）「ひと目でわかるWindows 10 操作・設定テクニック厳選200プラス！」（日経BP）のほか、上級マニュアルシリーズ（技術評論社）などがある。
IT機器の使いこなしやWindows OSの操作、カスタマイズ、ネットワークなど、わかりやすく個性的に解説した著書が多い。震災復興支援として自著書籍をPDFで公開。Windows 10/8/7シリーズ関連Webサイトの運営のほか、セミナー、著者育成など多彩に展開している。Microsoft MVP（Windows and Devices for IT）を12年連続受賞。

Win10jp
http://win10.jp/

装丁・デザイン　　植竹 裕（UeDESIGN）
DTP　　　　　　　佐々木 大介

帰宅が早い人がやっている
パソコン仕事 最強の習慣112

2018年 5月18日　初版第1刷発行
2018年10月 5日　初版第4刷発行

著　者　　　　橋本 和則
発行人　　　　佐々木 幹夫
発行所　　　　株式会社 翔泳社（https://www.shoeisha.co.jp）
印刷・製本　　株式会社 加藤文明社印刷所

©2018 Kazunori Hashimoto

本書は著作権法上の保護を受けています。本書の一部または全部について（ソフトウェアおよびプログラムを含む）、株式会社 翔泳社から文書による許諾を得ずに、いかなる方法においても無断で複写、複製することは禁じられています。
本書へのお問い合わせについては、227ページに記載の内容をお読みください。
落丁・乱丁はお取り替えいたします。03-5362-3705 までご連絡ください。

ISBN978-4-7981-5627-9　　　　　　　　　　　　　Printed in Japan